朝おやつは私のお守り

両親は共働きで、特に母は朝早く出勤する仕事だったため、平日は一家揃って朝食をとることができなかった。母が早起きして用意してくれた朝食をそれぞれの頃合いで食べてから、職場や学校へと慌ただしく出掛けていく。それが我が家のいつもの朝の風景だった。

その分、日曜日は家族揃って朝食を楽しんだ。みんなでよく作ったのがホットケーキ。朝からおやつのような食事を食べられることがやけに嬉しかった。普段はゆっくり食卓を囲むことができないかわりに、日曜日だけは子供たちが大好きなメニューを用意してくれたのだ。なんでもない普通のホットケーキだけれど、そこには母の優しさが詰まっていた。日曜日の朝ごはんは、幸せな記憶として深く心に刻まれている。

姪《めい》が大学に進学し、上京してひとり暮らしを始めた。彼女は朝、食欲がないようで朝食抜きの生活を送っていた。食べる気がしなくても少しお腹に入れるだけで満員電車を耐え抜く力が出るからと、私は無理やり朝食後によくつまんでいる甘味を渡した。すると、どうやら甘いものは食べられたようで、それから姪は毎朝なにかしらを口にするようになった。

十代、二十代を振り返ると、私も朝が大の苦手だった。文筆の仕事を始めたばかりの頃はひどい低血圧で、とにかく目覚めが悪かった。雑誌の仕事は早朝からの取材が多く、きびきびと働くために朝食を食べて力をつけて臨まなければいけない。そう思いながらも、どうしても食欲が湧いてこない。結局なにも口にしないまま出掛けるのだが、それではいい仕事ができるわけがない。午前中はぼーっとした頭のまま過ごすのが常だった。

このままではいけないと、当時お世話になっていた雑誌社の編集長に、朝が極端に苦手なことを相談した。

「私も若い頃は朝が苦手で、朝ごはんが食べられなかったな。寝る前に、チョコレートでもなんでもいいから甘いものをひとつ枕元に置いて、起きたらすぐにそれを口にするようにしてた。それだけで随分と違うよ」

早速、その日の帰りに大好物の緑茶チョコレートを求め、それを枕元に忍ばせた。翌朝、ぼんやりした頭のままベッドの中でチョコレートを口に入れた瞬間、幸福なひとときを思い出した。朝から大好きな甘いホットケーキを家族で食べた日曜日の朝ごはんの記憶が蘇ってきたのだ。

編集長が言っていた通り、数粒のチョコレートのおかげで次第に頭がシャキッとしてきた。いつもよりは楽に起きられそうだ。それでも朝食を食べるまでの食欲はなく、そのまま取材に出掛けた。朝一番でチョコレートを食べたおかげか、いつもなら午前中は頭の回転が鈍いのだけれど、出だしから調子がよく機敏に取材することができた。

その日から、目覚めてすぐに甘いものを口にすることが習慣となった。そうしていつからか、朝の甘味は私のお守りのような存在になっていった。これさえ口にしておけば大丈夫、そう心の中で唱えながらお気に入りをひとつ、朝食代わりに頬張る。

それが日課になってから、小学生時代の遠足前夜にも似た胸の高鳴りを、毎晩のように覚えるようになった。明日の朝、甘いご褒美が私を待っているのだ。楽しみのあまり、枕元に準備したお菓子が夢の中に出てくることもあった。

甘味のおかげか、年齢を重ねたためかはわからないが、いつしか朝の目覚めの悪さは解消されていた。今は朝食をしっかり食べる生活を送っているが、それでも朝の甘味の習慣を続けている。

朝食の後に甘いものを食べるだけで、言ってしまえば間食となんら変わりはしない。しかしそれではなんだかつまらないので、私はその習慣を朝おやつと命名した。そう名づけたことで朝から贅沢なご褒美を味わっている感覚になり、前向きな気持ちになれた。

朝食の後にちょっとつまみたいおやつもあれば、朝食代わりにしっかり食べたいものもある。それらすべてを朝おやつと称して楽しんでいる。全国各地の甘味について研究し、日々さまざまなものを口にしているが、朝おやつにしたい品に出合うと必ず翌朝の楽しみに買って帰る。明確には定義できないが、自分の中の物差しで、朝おやつと、そうではないおやつがある。その感覚的なところも、私が朝おやつとして愛食している佳味を紹介しながら伝えられたと思う。

今でも調子が出ない朝がある。そんなときに朝おやつがひとつあるだけで、一日を快《こころよ》く始められる。私は、朝起きたときに気分が乗らないと、それを夜寝る前まで引きずってしまう性分だ。朝一番にやる気を引き出してくれるものがあるといいなと、ずっと考えていた。

朝おやつは幸福な記憶の源であり、お守りであり、自分を奮い立たせてくれるスイッチ。今や私の暮らしに欠くことのできない、愛すべき大切なものになった。

リバティ うさぎパン

街歩きで見つけた宝物

リバティ　うさぎパン

上京したばかりの頃、週末になると決まって東京の街を散策していた。ＳＮＳはおろかインターネットさえ普及していなかったから、事前に情報を得る手段は雑誌が中心。そこで紹介されるのは表参道や原宿、渋谷といった若者が集う街が大半だった。しかし私が関心を持って探索したのは谷中・根津・千駄ヶ木など、下町風情を感じられる街。近年は谷《や》根千《ねせん》と呼ばれ人気になっているが、当時はその地域の情報を雑誌などで得ることは難しかった。

どんな店や名所があるのか、それを知らないまま遊歩し、街のいろいろな魅力を発見していった。歩き回ってくたくたに疲れても、中になにが入っているのかわからない宝箱を開けていくように、新鮮な気持ちで東京の街を楽しめたのは、今から考えると貴重な経験だった。

ＳＮＳが普及したおかげで、簡単に街の様子をうかがい知ることができる便利な世の中になった。誰かが紹介していた店を訪れ、おすすめしていた店で話題の料理や甘いものを食べ、同じ写真を撮影して投稿する。今の私はそうして満足している節があるが、それは果たして本当の体験と言えるだろうか。

東京の街を宝探しのように散策するさなか、最初に発見した私の宝物は、谷中にある手作りパンの店・リバティだった。朱色のテントに、ビーバーのようなリスのような愛嬌《あいきょう》のあるキャラクターと、力の抜けた書体でリバティと描かれた店構えに、東京暮らしを始めたばかりの私は一目惚れをした。

店内に並ぶ手作りパンの中でとりわけ惹《ひ》かれたのは、赤い目をしたうさぎパン。中には優しい甘さのカスタードクリームがたっぷりと詰まっていて、素朴な美味に感動した。

どの街にも光り輝く宝石のような店や場所がきっとあるはず。未知の土地を訪れる本当の楽しみは、追体験に力を注ぐのではなく、自分だけの宝物を見つけるところにあると思う。心躍るものを発見したときの喜びこそが、街を散策する本当の楽しさ。リバティは、知らない誰かの評価を信じるのではなく、自身の軸を持つことが大切だと教えてくれた、私にとっての指針のような店だ。

赤倉観光ホテル
フルーツケーキ

不得手は得手

赤倉観光ホテル　フルーツケーキ

ドライフルーツが大の苦手だった。給食でレーズンパンが出た日は、レーズンをすべて取り除いてから食べていたほど。

ある取材で、ドライフルーツ入りのお菓子を食べることになった。大人になってからもドライフルーツには手をつけずにいたため、恐る恐る口に運んだのだが、意外なほどすんなり食べることができた。苦手どころか美味しいと感じたのは、我ながら驚きだった。

幼少期の記憶から、大人になって一度も口にしていない食べ物が他にもいくつかあった。同じように大人になった今ならば美味しいと感じるかもしれない。そう考えた私は、苦手だったものを片っ端から食べてみることにした。たとえば、チーズやナッツ類がそれに当たる。するとどれもすんなり、しかも美味しく食べることができたのだ。食わず嫌いとは、まさにこのこと。これは食べ物に限ったことではないのかもしれない。幼い頃に苦手だった事柄も、大人になった今なら、きっとその魅力に気づくことができるはず。そう考えを改めてから、私の視野は格段に広がった。変わらず苦手なものもあるけれど、自身の心持ちが変われば、くるりと反転して大好物になることがあると知った。

新潟県妙高市で出合った赤倉観光ホテルのフルーツケーキこそ、苦手が得手になる可能性を秘めていることを私に教えてくれた、忘れられない甘味だ。

壮年になると、味を感じるという味蕾《みらい》は子供の頃の半分以下に減少するそうだ。つまり子供は大人の二倍も味を感じるということ。独自の味わいも数倍増して感じるがゆえに、子供は苦手な食べ物が多いのだろう。おそらく舌の機能が低下したことで、私はドライフルーツが醸《かも》す繊細で複雑な風味を、おおらかに受け入れられるようになった。そう思うと、歳を重ねるのは悪いことばかりではない。

年々、忘れっぽくなっている。大切な事柄を忘れてしまい失敗することもあるけれど、嫌なことをすぐ忘れるようになったのは加齢の美点だ。しかしながら、食いしん坊の私は一度食べた美味しいお菓子の味だけは、忘れることなくずっと記憶している。美味を記憶しながらも、食べるたび初めて口にしたような感動を覚えることができる。本当のところは、その美味しさを毎回忘れているだけかもしれない。しかし、それでいい。美味しいものをいつだって新鮮な気持ちで食べられる、それが私の特技なのだから。

まるたや　あげ潮

洋菓子
KAJIMACHI
HAMAMATSU
洋菓子の店

浜松の秘蔵っ子

まるたや　あげ潮

　交通網が整備される前、大きな川や山があることで人々の交流が断絶され、そこを境に土地柄が変わることが各地であったようだ。東西に長い静岡県は、同じ県ながら東部・中部・西部で異なる文化がある。大井川が中部と西部の境といわれているが、実際にそこで風土が変わっているように感じる。

　食文化に関しても大井川が境目になっているようで、東部に位置する富士宮市が地元の私は、一度も食べたことがない西部の銘菓がいくつもある。

　浜松銘菓のひとつとして地元の人たちに長年愛されているまるたやのあげ潮を知ったのは大人になってから。静岡で暮らしていた十代の頃にはその名前さえ聞いたことがなかったのは、同じ静岡でも異なる食文化ゆえだろう。

　あるとき浜松出身の友人が「お馴染みの味だと思うけれど」と、申し訳なさそうに差し出してくれたお土産があげ潮だった。静岡県民なら誰しも一度は食べたことがある銘菓という認識だったようで、私がその存在さえ知らなかったことにとても驚いていた。

一見古風な姿をしたクッキーだが、一度も体験したことのない斬新な味わい。一口食べて、ざくざくと粘り気が同居する食感と、深く豊かな甘さの虜《とりこ》になった。じんわり噛み締めながら、今までこの美味を知らなかったことが悔しくなった。そのときから現在に至るまで、私のナンバーワン焼き菓子だ。

ざくざくとした歯応えの正体はなんとコーンフレーク。創業者の兄弟が、戦後の東京上野のアメ横の闇市で、アメリカ進駐軍から購入したコーンフレークを使ってお菓子が作れないかと試行錯誤。苦労の末に完成したのが、レーズン・クルミ・オレンジピールを練り合わせた生地に、コーンフレークをまぶして焼いたあげ潮。遠州灘《えんしゅうなだ》にちなみ、あげ潮と名づけられたお菓子の誕生に潜む物語にも深く惹かれた。

あげ潮は、故郷の魅力を見つめ直すきっかけになったお菓子だった。美味しいお菓子を求めて全国を旅してきたが、地元静岡に一番の好物になる焼き菓子があったとは、灯台もと暗しとはまさにこのことだろう。今やすっかりあげ潮の応援隊長のような心持ちで、日本全国にこの美味を伝える活動を、誰にも頼まれていないのに熱心に続けている。

近江屋洋菓子店
フルーツポンチ

東京らしい洋菓子店　近江屋洋菓子店　フルーツポンチ

新旧さまざまな洋菓子店が東京にはあるけれど、東京らしい洋菓子店と言われて真っ先に頭に浮かぶのは近江屋洋菓子店。すべてにおいて過不足のない洗練された佇《たたず》まいは、私の考える理想の洋菓子店だ。親しみやすいけれど、背筋が伸びるような適度な緊張感もあり、絶妙な均衡が保たれている。

近年改装されたが、大好きな青い天井と木を基調にした美しい内装の雰囲気は以前と変わりなく、ほっと安堵《あんど》した。改装後、かつての趣《おもむき》が失われてしまう老舗《しにせ》も多い中、近江屋洋菓子店は特別な空気を纏《まと》ったまま在り続けている。

それは店頭に並ぶ甘味たちにもよく表れている。新しいお菓子も定期的に登場しているが、大半は長年作り続けている、顔馴染みといえるものだ。

お菓子にも流行があって、どこかの店である甘味が人気になると、それに似たものが巷《ちまた》に溢《あふ》れ返る。けれどもその人気は一時のもので、すぐにまた次の流行が生まれる。そんな世の流れとは適度な距離を保ちながら、しっかりとした軸を持って真摯《しんし》に美味しい洋菓子を作り続ける姿は、私の憧れだ。

現在は感染症などの影響で休止しているが、喫茶コーナーのドリンクバーが大好きだった。ファミリーレストランのそれしか知らなかった私にとって、近江屋洋菓子店のドリンクバーは夢のような品揃え。コーヒーや紅茶だけでなく、旬の果物を絞ったフレッシュジュースやホットチョコレート、さらには具材たっぷりのボルシチまで味わえる。初めて訪れたとき、なんとも贅沢なドリンクバーを前に大興奮してしまい、全種類を制覇する無茶をした。もちろんお腹ははち切れんばかりで、その日は夕食を抜いたほど。

どのお菓子も大のお気に入りで、ひとつを選ぶのはとても難しい。その中から朝おやつを選ぶとしたら、フルーツポンチに手を伸ばす。ひと口大にカットされた色とりどりの果物が透明の容器にぎっしり詰まった姿は、いつ見ても惚れ惚れしてしまう。贈答用の愛らしい包装紙とピンクのリボンまで、すべてが完璧だ。その端正な佇まいにも、私の考える東京らしさと憧れがぎゅっと詰まっている。

マッターホーン
バウムクーヘン

Matterhorn

童心に返る佳味

マッターホーン　バウムクーヘン

お菓子好きなら一度はその名を耳にしたことがあるだろう洋菓子の名店・マッターホーン。大半の人は東京・学芸大学駅にある店を思い浮かべると思うが、愛知県豊橋市にもマッターホーンの名を冠する洋菓子店がある。

東京のマッターホーンで働いていた河合秀矩さんは、ヨーロッパでの洋菓子修行の後に独立する折、自身のお菓子作りの起点となった店の名をつけたいと考えた。その申し出が快諾され、支店ではないもうひとつのマッターホーンが豊橋に誕生した。

市松模様の名物菓子・ダミエをはじめ、両店で作られているものがいくつもある。ふたつの店のお菓子を食べ比べてみたが、バウムクーヘンはとりわけ味の違いが際立っていた。ともに食べやすい大きさにカットしたものもあって、その姿はよく似ているけれど、味わいは別物だ。

東京のものは、ふんわりしっとりした食感。片や豊橋のものは、しっかりとした歯応えがあり素朴な味わい。どちらも美味であるが、朝おやつには豊橋のマッターホーンのバウムクーヘンを選びたいと思った。

東京のマッターホーンといえば、画家・鈴木信太郎が描いた絵が印刷された包装紙やクッキー缶が店の象徴になっているが、豊橋には別の顔がいる。ケーキやケーキ箱を運ぶクラシカルな愛らしい犬たちの絵が包装紙をはじめ、ケーキ箱・ナプキン・コースターに描かれている。以前求めたときにとっておいた包装紙を眺めながら、また朝おやつに食べたいなと思っていたところ、出張で豊橋を訪れた友人が、偶然にもマッターホーンのバウムクーヘンをお土産に買ってきてくれた。

昨今、さまざまな工夫を凝らした個性溢れるものも増えたが、これは味も姿も定番といえる、王道中の王道のバウムクーヘン。しばらくぶりに口にした佳味は、結婚式の引き出物など特別な機会に両親がもらってきたときにだけ食べることができた、純朴だけれど深みのある、懐かしい思い出のバウムクーヘンそのもの。しみじみ味わううちに、幼き日の甘い記憶が呼び起こされた。豊橋のマッターホーンのバウムクーヘンを食べれば、私はいつでも童心に返ることができる。

マミーズ・アン・スリール
アップルパイ

漫画の中のアップルパイ　　マミーズ・アン・スリール　アップルパイ

大好きだった漫画に、主人公がアップルパイを焼くシーンが描かれていた。白黒の絵にもかかわらず、こんがり焼かれた生地の色や芳《かぐわ》しい香りまで、食いしん坊の私の脳内にありありと浮かんだ。何度か母にねだってみたものの、家で手作りするのは難しいと優しく諭《さと》され、いつの日かあのアップルパイに出合えることをずっと夢見ていた。

谷中を散策するさなか、手造りパイの看板に目が留まり店内を覗き込むと、長年憧れていた、編み目模様の黄金色のアップルパイがずらりと並んでいるではないか。昂《たかぶ》る気持ちを抑えながら店内に入り、まじまじ見つめて確信に変わる。それは私が長年憧れ続けた、漫画の中のアップルパイの姿そのものだった。

カットタイプをひとつ求めた私は、家まで持ち帰るのを我慢できず、近くの公園のベンチに座ってかぶりついた。耳の部分はざくざくで表面はしっとり、生地の中にはほのかにシナモンが香る大粒のカットりんごと、甘さ控えめなカスタードクリーム。

素朴な味が心に染み入り、食べ終わった瞬間にもう一度味わいたいと思った。そうしてすぐさま店に引き返し、手頃な中ホールを買って帰った。「さっきのお客さん、また買いにきたよ」などと思われる気恥ずかしさよりも、このアップルパイを家でも食べたいという気持ちがまさったのだ。

翌朝、冷蔵庫で一晩冷やしたものを食べて、再び驚いた。時間を置いたことで生地がしっとり馴染み、昨日より味の深みが増している。できたてのサクサクも美味しいけれど、しっとりとした食感に目がない私には、二日目のこのアップルパイは至福の味だった。それからというもの、あえて一晩寝かせてから朝おやつとして味わうのが、このアップルパイの極上の楽しみ方になった。

紅玉・ふじ・つがるなど季節で変わるりんごは、シャクッとみずみずしい自然の甘さ。アップルパイが大好物の子供のために家で焼いた母の味がその始まりで、今もひとつひとつ手作りしている。「こんなに美味しいアップルパイ見つけたよ」と故郷の母に届けるため、次の帰省の前にまた訪れよう。もちろん、極上の楽しみ方を伝えることも忘れずに。

とらや
小形羊羹

TORAYA TOKYO
Yoru no Ume
TORAYA TOKYO
Yoru no Ume
TORAYA TOKYO
Yoru no Ume

黒砂糖入羊羹
おもかげ
紅茶入羊羹
紅茶
蜂蜜入羊羹
はちみつ
抹茶入羊羹
新緑
小倉羊羹
夜の梅

最強の相棒　　とらや　小形羊羹

かしこまった席の手土産の定番といえば、やはりとやらの羊羹《ようかん》だろう。とらやは室町時代後期に創業した和菓子店の老舗中の老舗。しかし歴史や伝統に胡座《あぐら》をかくことなく、常に新しい挑戦を続けているところが素晴らしい。近年はとらやの伝統の味を手軽に楽しめる小形羊羹が人気だそうだ。私も日頃、ささやかな手土産としてTORAYA TOKYOとグランスタ東京の店舗でしか求めることができない、画家フィリップ・ワイズベッカー氏が東京駅丸の内駅舎を描いたパッケージのものを選んでいる。

大きな仕事がある日、やる気スイッチを入れるためのお菓子として小形羊羹5本入を鞄に忍ばせて出掛ける。とらやの代名詞とも言える小倉羊羹・夜の梅、黒砂糖の豊かな風味のおもかげ、芳しい抹茶が香る新緑、それにはちみつ、紅茶と五つの異なる味が楽しめる。

朝、出掛ける前に一本。午後の取材が終わった後に一本。帰り際、お世話になったカメラマンと編集者に一本ずつ、お土産に差し出す。そして無事に仕事を終えて家に戻り、残った一本を頬張ると優しい甘さが全身に行き渡り、疲れた心身が癒《いや》されていく。

とらやの工場と直営店が静岡県御殿場市にある。母の実家が御殿場市にあり、夏休みなど長期の休みでしばらく滞在するときは、祖父母についてよく訪れていた。

祖父母は手土産に必ずとらやの羊羹を求めていたようで、家には宮中などに雛《ひな》菓子を届けるための重箱が元になった黒い紙袋がいくつもあった。それを買い物袋にしたりご近所にお菓子や果物などのお裾分けを届けるときに活用していた。それを真似て私も紙袋を勉強道具や図書館の本を入れるサブバッグに利用していた。近年買い物にショッピングバッグを持参する人が増えてきたが、ずっと前から我が家ではとらやの紙袋を再利用していた。

後年取材でとらやを訪れた折、一家で紙袋を愛用していたことを伝えると

「紙袋をショッピングバッグに使ってくださる方、多いんですよ」

と長年のとらやファンとしては嬉しくなる答えが返ってきた。聞けば、重量のある羊羹を難なく持ち運びできるように、しっかりとした作りにしているそうだ。

今でもとらやの紙袋を資料入れとして使うことがある。たくさんの荷物を持って取材に向かう日は、小形羊羹と黒い紙袋が最強の相棒になってくれる。

ゼリーのイエ

歓喜が溢れるゼリー

ゼリーのイエ

その日、京都で出会った友人たちが私の家に集まっていた。学生以上、社会人未満のふわふわとしたときをともに過ごし、仕事のため同じ時期に上京した気心の知れた仲間たち。全員が揃った頃、玄関の呼び鈴が鳴った。もう誰もこないはずと思いながら玄関を開けると、いつもの宅配便のお兄さんが笑顔で「クール便なので早めに冷蔵庫へ入れてくださ い」と小包を差し出してくれた。

それは京都でお世話になった喫茶店・六曜社の奥野美穂子さんからの贈り物だった。台所でひとり荷を解き思わず上げた感嘆の声に、なにごとかとみんながわらわらとやってきた。いつもなら心の内だけで歓喜を響かせるところだが、旧知の友がそばにいたからか、とびきり高い声が出てしまった。それは空気を伝い、升目《ますめ》状に仕切られた四角い紙箱の中に行儀よく並ぶ、輝くゼリーたちをかすかにフルッと揺るがすほどの声だった。

誰をも嬉々《きき》とさせる、宝石のように美しいお菓子。それが今日届くだなんて。感謝とともに、箱を開いた瞬間のみんなの溢れる笑顔を、早く美穂子さんに伝えたいと思った。その味が忘れられず、それからたびたび取り寄せするようになった。当時は電話で注文して発送してもらっていたが、その一手間があることでゼリーへの愛がより深まった。

それから十年が経った頃、東日本を大地震が襲い、福島県いわき市で営むゼリーのイエも甚大な被害に見舞われた。安否を心配していたところ、まだ落ち着かない状況の中、店主から連絡が入った。なんとかゼリーを作ることはできるけれど、日々の暮らしもままならず、先行き不安な気持ちを正直に打ち明けてくれた。

今ではすっかり全国に知られているが、当時はまだ東北以外の地域までその美味しさは十分に届いていなかった。きらめく絶品ゼリーを一度味わったら誰もがその虜になり、取り寄せしてでも食べたくなるはず。そう考えた私は、ゼリーが楽しめる催事を東京と京都で開催した。そのときのみんなの笑顔と、口に入れた瞬間に沸き起こった感嘆のため息を今でも忘れられない。

いつも美しいゼリーが変わらず味わえることに感謝しながら、貴重な佳味を取り寄せている。笑顔で朝おやつを味わうひととき。その幸せな時間は決して当たり前ではないことを、震災の記憶とともに忘れないでいたい。

村岡総本舗
シベリア

無限の可能性を秘めたお菓子

村岡総本舗　シベリア

かつて砂糖は非常に貴重なものだった。江戸時代のはじめ頃から琉球で作られるようになったが、基本的には海外からしか手に入れることができなかった。鎖国時代は長崎の出島にだけ輸入され、佐賀を経由して長崎街道を通り小倉まで運ばれた。さらにそこから大坂や京、江戸へと届けられていた歴史がある。

長崎街道は後にシュガーロードと呼ばれるようになったが、その名が表すように街道沿いには老舗和菓子店が点在している。以前シュガーロードに沿って和菓子店を取材したことがある。そのうちの一軒、佐賀にある村岡総本舗を訪れた折、隣接する羊羹資料館を見学した。社長が直々にシュガーロードの歴史を教えてくれたことで、和菓子に対する見解が一変し、すっかりその面白さに目覚めた。

全国各地のお菓子の探求とともに、土地に根ざしたパン屋も訪れている。あるとき、各地の老舗パン屋の多くに、羊羹をカステラで挟んだお菓子が並んでいることに気づいた。

パンとも和菓子とも洋菓子とも区別がつかない、三角形のシベリアという名の食べ物。

カステラはポルトガルから伝わった洋菓子を元に、日本独自の発展を遂げたものなので、南蛮《なんばん》菓子でありながら、和菓子に分類されることが多い。それに羊羹も和菓子であるから、シベリアも和菓子として扱うのが一番しっくりくるように思うが、どういうわけか老舗パン屋の定番になっている。

その歴史が気になり、シベリアについて調べてみたが、起源や名の由来など、一切突き止めることができなかった。調べれば調べるほど、謎は深まるばかり。

大正・昭和初期が舞台のアニメ映画『風立ちぬ』にもシベリアが登場するように、当時大流行したお菓子だったが、製造販売する店はすっかり減ってしまった。そんな昔ながらの懐かしい存在であるシベリアに新しい命を吹き込んだのが、私に和菓子の楽しさを教えてくれた村岡総本舗だ。

従来のシベリアは羊羹をカステラで挟んでいるが、村岡総本舗は自家製餡《あん》を羊羹とカステラの間に挟み五層にすることで柔らかな食感を生み出した。箱入りの美しい包装で、贈り物にもうってつけ。これまでのものとはまるで違う新しいシベリアは、和菓子に完成形はなく無限の可能性を秘めていることを教えてくれた。

翁堂　犬のルーパー

食べることと愛《め》でること

翁堂　犬のルーパー　パリジェンヌ　ポチ

ピアノの発表会など、大きな行事が終わった後はいつも、母が家から一番近い洋菓子店に連れて行ってくれた。ご褒美に、どれでも好きなケーキをひとつ選ばせてもらえるのが楽しみで、そのために練習を頑張った。本音を言えば、大好きなケーキを食べられることの方が、私には大きな成果だった。

ショーケースに色とりどり並ぶ中、決まって選んでいたのはたぬきケーキだ。

「今日こそは違うものを食べるんだ」

そう思いながら店に入るのだけれど、たぬきのつぶらな瞳に見つめられると

「僕を連れて帰っておくれよ」

と言われているような気がして、結局いつも同じものを選んでしまう。子供の背丈だとチョコレートのたぬきと目が合いやすいこともあったのだろうか、あの甘い視線からどうしても逃れることができなかった。

動物をかたどったお菓子を愛でるようになった所以《ゆえん》が、もうひとつある。

犬や猫と一緒に暮らしたいと願ったけれど、父は頑《かたく》なにそれを許してくれなかった。私がいくら泣きついても
「動物と暮らすというのは、ひとつの命の責任を負うということ。楽しいこともたくさんあるけれど、いずれ必ず悲しい別れが訪れるのだから、そんなに簡単なことではないんだよ」

と諭され、首を横に振るばかり。一緒に暮らすことができないからこそ、犬や猫への憧《しょう》憬《けい》は増していく。せめておやつだけでも動物を近くに感じたい、幼い私はそう考えたのだろう。お菓子やパンで動物の形を見つけると必ずそれを選ぶようになっていた。

それが影響しているのか、今でも目のあるお菓子にどうにも目がない。それが動物をかたどったものであったなら、どんなにたくさんのお菓子が並んでいても瞬時に目と目が合って、この子を連れて帰らねばという心持ちになる。

実際、これまで数えきれないほどたくさんの動物の形のお菓子を食べてきた。その中で朝おやつによく選ぶ特別なお菓子がふたつあるが、それはともに犬の形をしている。

パリジェンヌ
ポチ

たぬきケーキは日本各地のケーキ屋で作られている。そのほとんどがスポンジ生地とバタークリームを合わせ、チョコレートでコーティングされている。一見同じように見えるけれど、味わいとたぬきの表情は店それぞれの個性がある。

かつては町の洋菓子店の定番だったが、作るのに手間がかかるからか、遭遇する機会が激減していて気が気でない。絶滅してしまう前にできるだけ多くのたぬきケーキを食べておきたい。そんな理由から、旅に出ると必ずその土地の洋菓子店を訪ね歩き、たぬきがいないか、密かに捜索活動を行っている。

長野県松本市の翁堂《おきなどう》はたぬきケーキが看板商品で、二十年近く前に旅の途中で訪問したのが最初の出合い。数年前に再訪を果たしたとき、たぬきケーキの他にも、お土産にできそうな日持ちするお菓子も買って帰ろうと吟味していると

「僕を連れて帰っておくれよ」

と私を呼び止めるクッキーと目が合った。それは愛嬌たっぷりのコーヒー味のクッキー、犬のルーパー。赤・緑・黄のさくらんぼの砂糖漬けの帽子をちょこんとかぶり、顔と胴の間にはホワイトチョコレートがサンドされている。ひとつとして同じ表情のものがないところも愛くるしく感じた。

もうひとつは、一緒に仕事をしている写真家が手土産として持ってきてくれたもの。

「これ近所のケーキ屋のなんだけど、みのりさんきっと好きだと思うんですよね」

そう言って手渡してくれた箱の中には、白犬と茶犬のケーキが仲よく二匹並んでいた。

食べることと愛でることをひと揃いで考えている私は、食べ物を見て愛らしいと感じると、その感覚はそのまま美味しいという味覚へと変換され、うっとりするような口福《こうふく》に包まれる。スポンジの層に刻んだイチゴと軽やかなクリームを合わせたポチという名の犬型のケーキは、それを完璧に体現していた。

口福に満ちたポチがどんな店で作られているのかを知りたくなった私は、次の休みの日にその生みの親であるパリジェンヌを訪れた。店の方に伺うと、何十年も前からポチを作り続けており、以前はタマという名の猫のケーキも販売していたそうだ。続けて
「動物が大好きだけれど、食べ物を扱う仕事なので一緒に暮らすことができなくて、代わりにケーキで動物たちへの愛情を表現しているんです」

と話してくれた。店主の作ると愛でるが繋がって、愛らしく美味しいケーキが誕生したのだ。私と同じ気持ちを抱いてお菓子を作っている店があることを知り、つい嬉しくなって「私も同じ思いです」と伝えたかったけれど、心の中で呟《つぶや》くに留めた。

ハラペコラボ
こうぶつヲカシ

愛でる愛《いと》おしいお菓子

ハラペコラボ　こうぶつヲカシ

随分と前のことだけれど、タレントのタモリさんが「食べ物を前にかわいいと声にするのは、女性特有の感覚で面白い」というようなことを言っていた。その話を親しい友人たちの集まりで話題にしたところ、大半がタモリさんの意見に賛同していた。性別でひとくくりにするべきではないと思うが、食べ物を愛《いつく》しむこの感性を、私自身も持ち合わせている自覚がある。

同時に私は、日本の和菓子文化に思いを馳せた。花鳥風月や季節の風物を和菓子で表現し、それを口にしてきた日本人には、ただ口福を満たすだけでなく、美しさや愛らしさを甘味で楽しむ感覚が備わっていると思う。

誰でもSNSを通して広く情報や体験を発信できる昨今、見目麗《みめうるわ》しいお菓子の写真を目にする機会が増えた。私も日々、仲間が投稿する美しい甘味を目で楽しんでいる。福岡を拠点に活動するフードクリエイター集団・ハラペコラボが作るこうぶつヲカシを知ったのも、近所に暮らす友人がＳＮＳに投稿した写真がきっかけだった。

砂糖と寒天が原料の和菓子・琥珀糖《こはくとう》で、色鮮やかな鉱物を表現した創作菓子。宝石のような光沢を放つ小箱に納められたその姿は、本物と見間違うほど見事な出来栄えで、お菓子を超えた芸術作品のようだ。

友人の投稿に「いつか食べてみたい」とコメントしたところ、まだ少し残っているからと、色鮮やかな食べられる鉱物を届けてくれた。

すべて手作りしているのでひとつとして同じ形のものはなく、まばゆく輝くその姿を眼前にすると、宝石を発掘したかのように胸が高鳴る。見た目の愛らしさだけではなく、ラズベリー・ブルーベリー・レモン・ミントなど、さまざまな香味が楽しめるところも心嬉しい。


　こうぶつヲカシの名には、古語で「風情がある、愛おしい」という意味を持つをかしの意が含まれている。目でも美味しく味わえるこうぶつヲカシを前にしたらきっと、誰もがそのをかしさに魅了されることだろう。

会津の雪
ソフトクリーミイ
ヨーグルト

べこの乳発
会津の雪
ヨーグルト
(加糖)
べこの乳発（加糖）
会津の雪

福島のあの子　会津の雪　ソフトクリーミィヨーグルト

少女時代からの愛読書・高村光太郎さんの『智恵子抄《しょう》』には、妻・智恵子さんがあどけなく話す故郷福島の、山や川や空が描かれている。智恵子さんの面影を求めて訪れた福島で、私がじかに触れた木々や湖や人の気持ちも、素朴ながら力強く、静かに輝くような美しさを内包していた。

『智恵子抄』の有名な詩「あどけない話」には「智恵子は東京に空が無いといふ、ほんとの空が見たいといふ。（中略）智恵子は遠くを見ながらいふ。阿多多羅山《あたたらやま》の山の上に毎日出てゐる青い空が智恵子のほんとの空だといふ」と綴られている。

東京・日本橋に所在する日本橋ふくしま館 MIDETTE《みでって》は、東京の空と福島の空をつなぐ場所。みでってとは福島の方言で「来てみてね」という、お誘いの気持ちを表す言葉。

福島という土地は、いつだっておおらかに旅する人を迎え入れてくれる。まるみを帯びた優しい口調や人柄、透き通った風景、口に入れた瞬間に全身の細胞が喜ぶとびきりの滋味に触れるたび、じんわりと温かい気持ちに包まれる。

みでってで必ず求めるのが、会津の雪 ソフトクリーミィヨーグルト。保冷バッグを持参して、まとめ買いをするほどの大好物。紙パック入りの飲むヨーグルトなのだけれど、ストローで吸って飲むのが容易ではなく、飲みにくいほど濃厚な飲むヨーグルトと評判だ。「よく振ってお飲みください」と注意書きがあり、たしかに振れば振るほど飲みやすくなる。しかし私はあえて振らず、口をすぼめて力いっぱいストローで吸い込む。ときにパックの上部をハサミで切って開き、飲むヨーグルトをスプーンですくって食べることもある。こうした方がこのヨーグルトの本当の魅力を味わえるような気がするからだ。

福島ではあの子と呼ばれて親しまれている、容器に描かれた女の子もチャーミング。そのモデルは、戦時中に栄養失調で幼くして亡くなった創始者の娘さん（現社長のお姉さん）。そこには、たっぷり栄養をとって子供たちが健やかに育ってほしいという願いが込められている。

東京の空の下、このパッケージを目にするたび、福島の空に思いを馳《は》せながら、あの子と智恵子さんの姿を心に描く。

シロヤ
サニーパンとサーフィン

サーフィン

真の地元パン　シロヤ　サニーパン　サーフィン

姉が山口県下関市に暮らしている。下関市と福岡県小倉市は関門海峡を挟みながらもとても近く、電車で十五分ほど。下関を訪れるときは決まって小倉まで足を伸ばす。一番のお目当ては、昭和三十年代から続く旦過《たんが》市場。北九州の台所とも呼ばれるその市場には、鮮魚・精肉・青果・惣菜・飲食店など、ありとあらゆる店が立ち並んでいる。

初めて小倉を訪れた折、旦過市場へ向かう途中で人だかりができる店を見つけた。そこはシロヤという名のパン屋。店のことを知らぬまま列に並び、常連客たちが大量に買っていくサニーパンというパンを購入した。

翌朝、姉の家で朝おやつに食べたのだが、これが驚きの美味だった。しっかり歯応えのあるロールパンサイズのフランスパンに、生地を噛むとじわっと溢れ出てくるほどの練乳が入っている。一個百数十円という安さで、みんなが大量に買い込んでいくのも頷《うなず》けた。

何度か足を運び、いろいろなパンやお菓子を食べるうちに、他にも地元の人たちに長年愛される人気者がたくさんあることを知った。数あるパンの中、サニーパンと同じくらいお気に入りなのが、サーフィンという名のサンドイッチ。他では一度も目にしたことのない変わり種だ。

シロヤには、スポンジ生地とバタークリームを層にしたクーヘンという人気菓子があるが、それを食パンで挟んだものがサーフィン。つまり洋菓子を具材にしたサンドイッチ。初めて見たときは、その発想力と見た目に驚いたが、口にしてみるとほんのり塩気のある食パンと甘いクーヘンの組み合わせが絶妙で、クセになる味わいに感動した。

その後、シロヤを取材した折、サーフィンが誕生した経緯と名の由来を尋ねたが、考案した人は随分前に店を辞めていて、わかる人は誰もいないという。

店の人たちはなんの疑問も持たずサーフィンを作り続けていて、常連たちには「サーフィンといえばあれ」とすっかり馴染みの存在。それは地元で愛されるパンとして理想の姿だと思う。飽きることなく毎日食べたくなる、そのうえ家計に無理なく、子供たちもお小遣いで求めることができる当たり前のパン。それこそが真の地元パンといえるだろう。

おかしのオクムラ
こけしの
あたまんじゅう

郷土玩具のお菓子

おかしのオクムラ　こけしのあたまんじゅう

父は全国の郷土玩具を蒐集《しゅうしゅう》している。お気に入りを玄関に飾り、季節ごとに並び替えて楽しむ父の姿を幼い頃から見ていた影響だろうか、いつしか私も郷土玩具に親しみを覚えるようになっていた。

初めて自身で求めたのは二十代の頃、鳴子を旅したときに出合ったこけしだった。以来、旅先で郷土玩具を見つけると連れ帰るようになった。そして父がしているように、下駄箱の上にお気に入りを並べ、日々愛でている。

十和田から弘前まで、青森を横断する旅をした。弘前の手前の城下町、津軽こけしの産地でもある黒石を散策したかったが、たどり着いたのは夕まぐれで、すでに夜の帳《とばり》が下り始めていた。

閉館時間をわずかに過ぎてしまった津軽こけし館を泣く泣く通り過ぎたが、こけし工人の阿保六知秀《あぼむちひで》さん・正文《まさふみ》さん親子の工房・阿保こけしやには立ち寄ることができ、伝統的な津軽こけしや、りんご型のベレー帽をかぶった創作こけしを求めた。

短い滞在であったがすっかり黒石に魅了された私は、次こそはゆっくりとこけしを堪能する旅をしたいと、戻ってすぐに情報収集を始めた。真っ先に目に飛び込んできたのは、こけしをモチーフにしたお菓子、こけしのあたまんじゅうが誕生したことを伝える記事。このまんじゅうを生み出したおかしのオクムラのご主人の娘さんの強いこけし愛から生まれた新名物と書かれており、取り寄せできるとの記述がある。

数日後、届いた荷物をいそいそと開けると、中には愛らしいこけしの顔が並んでいる。ほっくり炊いた黄身餡を、もっちり柔らかな生地で包んだ焼きまんじゅう。その袋には十人の津軽こけしの工人が描く、愛らしい顔のこけしシールが貼られている。

それを見た瞬間、今すぐ黒石を再訪し、このまんじゅうに描かれたこけしを作る工人の作品を手に入れたいと思った。もちろん、旅の帰りにはおかしのオクムラを訪れ、直接こけしのあたまんじゅうを求めたい。いつでもどこからでも取り寄せできるとしても、生まれた店を訪ね、その地の風を感じながら味わうお菓子は格別なものだから。

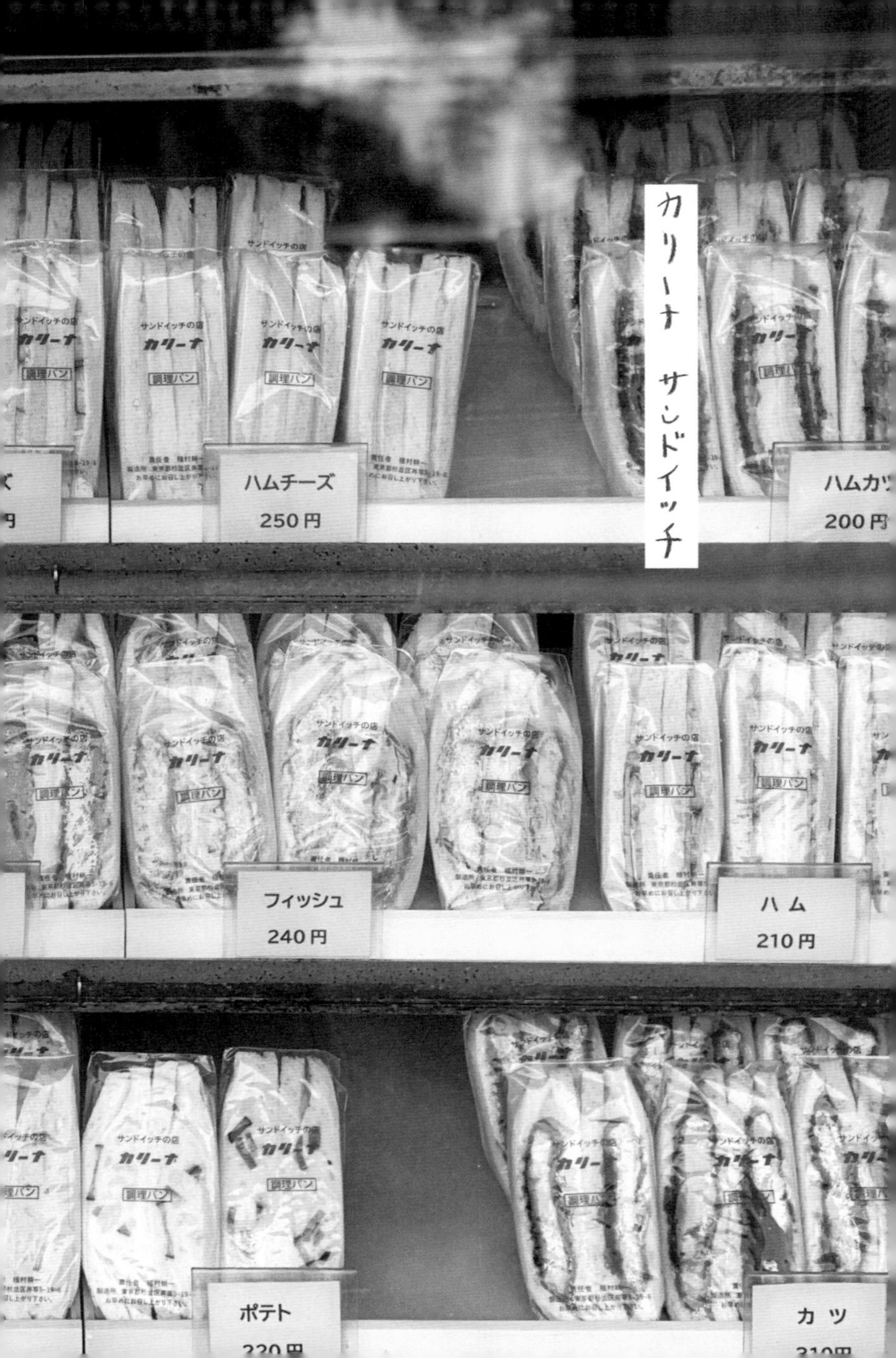
カリーナ サンドイッチ
サンドイッチの店
カリーナ
調理パン
ハムチーズ
250円
ハムカ
200円
フィッシュ
240円
ハ ム
210円
ポテト
カ ツ

あんこクリーム
180円
ハム野菜
270円
コロッケ
210円
ミックス
270円
サンドイッチの店
カリーナ
調理パン

早起きは三文の得

カリーナ　サンドイッチ

年々、朝が早くなってきた。若い頃は夜型の生活だったけれど、いつしか早く寝て早く起きる、健康的な生活を送るようになった。

とりわけ早く目覚めた朝、楽しみにしていることがある。最寄りのバス停からバスに揺られること十数分、朝六時から店を開けているサンドイッチの店・カリーナに、朝おやつと昼食を買いに出掛けることだ。

七時頃に店に着くと、すでにスタンド式の店の前に数人の行列ができているのはいつもの光景。毎日二十種類以上のサンドイッチが店頭に並ぶのだが、人気の味は早々に売り切れてしまう。そのため近所の常連たちは、全種類が揃う開店して間もない時間帯を狙って訪れる。

私が初めてカリーナを訪れたのは閉店時間が迫った午後一時頃（売り切れ次第閉店で、いつも午後二時前に閉まってしまう）だったので、店頭に並ぶサンドイッチの数も少なく、次は必ず早い時間に訪れようと決意。それからは早く目覚めた日の楽しみとして、朝一番にサンドイッチがぎっしり並ぶショーケースを目指してカリーナを訪れている。

朝おやつに甘いフルーツサンドとあんこクリーム、昼食にタマゴサンドやハムカツサンドなどを選ぶのがお決まり。出来立てを早く食べたい私はいつも、コンビニでコーヒーを買い、店のそばにある野球場脇のベンチに座り、草野球を眺めながらのんびりフルーツサンドを頬張る。早起きしたから味わえる、贅沢な朝おやつの時間だ。

近年フルーツサンドや餡サンドが今風の甘味として広まってきたが、カリーナは四十年近く前から変わらず、いつもの味を作り続けている。そしてなにより嬉しいのが、求めやすいその値段。ときどき驚くほど高価なフルーツサンドを目にするが、カリーナはどれも気軽に毎日食べ続けることができる、生活に寄り添った優しいサンドイッチ。廉価《れんか》を保ちながらも、美味しく仕上げるための手間を惜しまない姿勢が、サンドイッチから溢れ出ている。

カリーナのサンドイッチを朝早く味わうこと、それが私の「早起きは三文の得」である。

ロミユニ
カトルカール・
アニョー

子羊の贈り物

ロミユニ　カトルカール・アニョー

三月の終わりにフランスを旅したときのこと。お菓子屋さんの店先にぎっしり、卵やヒヨコやウサギの形をしたお菓子が並んでいた。子供の頃に教会へ通っていたことのある私は、それらがイエス・キリストの復活祭のお菓子であるとすぐに気づいた。

クリスマスやハロウィンに比べると、復活祭は日本ではまだ馴染みが薄い。フランス語ではパック、英語ではイースターという復活祭は、春分の日を過ぎた最初の満月の次の日曜日に開催され、年ごと日付が異なる。

あれこれ求めた復活祭のチョコレートやキャンディーをフランス土産として友人たちに渡すと、その物珍しさと愛らしさに春色の感嘆が上がった。

長年お世話になった編集者から、この春に会社を辞めるとの連絡があった。お礼に贈り物をしようと思いを巡らせる中、数年前の早春に訪れたフランスの光景を思い出した。そうだ、フランス・アルザス地方の復活祭の定番、子羊の形をした焼き菓子、カトルカール・

アニョーを贈ろう。

カトルカールとは、四分の一が四つという意味のフランス語。小麦粉・バター・砂糖・卵の四つの材料を同量使った焼き菓子だ。日本ではパウンドケーキとしてお馴染み。アニョーは子羊の意なのだが、子羊はキリストのシンボルとされている。

私が注文したのは、鎌倉と東京・学芸大学駅に店舗を構えるジャムと焼き菓子の店・ロミユニのもの。店主のいがらしろみさんはフランス菓子、とりわけアルザス地方のお菓子に精通していて、アルザスの小さな村々のお菓子を研究するために留学していた。アルザス菓子といえばここしかないと、ロミユニのものを選んだ。

後日、編集者から届いた便りには「もったいなくて、なかなか食べられません」と記されていた。私もいつも同じ思いでいる。早く味わいたいという、はやる気持ちがありながら、すぐに食べることができず数日は部屋に飾って愛でる。そして、きらきら春の日差しが差し込む天気のよい日の朝おやつの時間に、断腸の思いでナイフを入れる。ロミユニのカトルカール・アニョーは、殊《こと》に食べることを躊躇《ちゅうちょ》してしまう、愛らしくて仕方がない子羊だ。

前田屋製菓

志ら玉

関宿
名物
志ら玉

素朴なアイドル　前田屋製菓　志ら玉

テレビの歌番組で歌い踊るアイドルに憧れていた。私が好きになるのはいつも、誰もが魅了される一番の人気者とは異なる存在。一見するとちょっと地味だけれど、他の誰にもない個性を秘めた、自分の芯のようなものを持つアイドルを好きになった。

私にとってお菓子は、味わうだけでなく、目で見て愛でるものでもある。ときに、まだ口にもしていないし実物を見てもいないのに、本や雑誌の中の写真を見ただけで魅了されるお菓子もある。

大人になった私のアイドルは、甘いお菓子たちだ。子供の頃のアイドルの好みと同じように、一瞬で目を惹く華やかな容姿をしたものとは少し違う、素朴ながら他にはない魅力のあるものに強く惹かれる。志《し》ら玉《たま》はまさにそんなお菓子だった。全国の和菓子を図解した古い本の中の、簡素ながら美しいその姿を見た瞬間、私は恋に落ちた。

白い生地の上の色鮮やかな小さな飾りは、緑が新緑、赤が太陽、黄色が紅葉、そして白い生地が雪と、四季を色彩で表している。小さな飾りにさえ意味があることに、静かに高揚した。

憧れのアイドルに会える日が訪れたのは、本の中の姿に一目惚れした日から随分経ってから。江戸時代は関宿として栄えた三重県亀山市に取材で出向いた折、志ら玉を作る老舗和菓子店・前田屋製菓に立ち寄ることがようやく叶った。取り寄せすることもできたのだが、実際に店を訪れて手に入れようと決めていたのだ。

志ら玉は江戸時代から関宿名物として親しまれてきた。なめらかなこし餡を上新粉生地で包んだ、飽きのこない素朴な美味しさ。味わいもその見た目と同様に、簡素ながら他のお菓子にはない芯の通った個性がある。それゆえに、江戸時代から今日に至るまで愛され続けているのだろう。

好きなアイドルが載った雑誌を切り抜いて、下敷きに挟んでいた。それと同じように、好きなお菓子をいつもそばに置いておきたいと思っていた。きっと私と同じことを考えている人がたくさんいたのだろう、近年お菓子をかたどったアクセサリーをよく目にするようになった。もし自分の好きなお菓子をアクセサリーにできるとしたら、志ら玉の姿を忠実に再現したブローチを作りたい。

うさぎや
チャット

包装紙はお菓子のステージ衣装

うさぎや　チャット

一九八〇年代、テレビの中の歌手たちは曲ごとに工夫を凝らした衣装を身に纏《まと》い歌っていた。曲とともに、その衣装や髪型までも鮮明に記憶している。中には歌詞やメロディはうろ覚えだけれど、衣装だけは脳裏にしっかり焼きついている歌もある。

今の私にとってお菓子がアイドルならば、包み紙や缶や箱はステージ衣装だ。お菓子の大切なひとつの要素で、これまで包み紙に惹かれて手にしたものは数知れない。幼い頃から、お菓子にとっての大切な衣装である包装紙を捨てることができず、いつしか蒐集するようになった。

昔からあるお菓子の包み紙の中には、有名画家が意匠を手がけたものもある。想像であるが、お菓子の包み紙は若い芸術家にとって、腕試しができる場だったのだろう。そのときはまだ何者でもなかった若者がやがて巨匠となり、後になって「実はあの有名画家がこのお菓子の意匠を手掛けていた」ということがあったのかもしれない。

意匠を手がけた人物の名前を聞いてもっとも驚いたのが、宇都宮市伝馬町にある大正四年創業の菓子処・うさぎやのチャット。しっとりとした白餡をほんのりバターが香る薄皮の生地で包んだ洋菓子だ。

その名前は英語のチャット（おしゃべり）に由来している。おしゃべりの場に欠かせない存在になってほしいという思いを込めて名づけられたそうだ。現在ではインターネット用語としてすっかり定着しているが、このお菓子が誕生した頃は、耳慣れない斬新な言葉だったはず。小鳥がちりばめられた箱は、青とオレンジの明るい色合い。個包装の袋にも星と鳥が描かれ、今にも小鳥たちのおしゃべりが聞こえてくるようだ。

その意匠を手がけたのは、書道家・詩人として知られる相田みつをさん。時代を先取りした名前も相田さんが考案したという。栃木県で暮らしていた相田さんは、チャット以外にも栃木県内のお菓子の意匠をいくつも手掛けている。

チャットの意匠と名前は、その作品と同様に真っ直ぐで、人を優しく包み込むような温かさに満ちている。包み紙という衣装も、ゆかしい味を際立たせる、人柄ならぬお菓子柄にぴったりだ。

花桔梗
あんトースト
最中

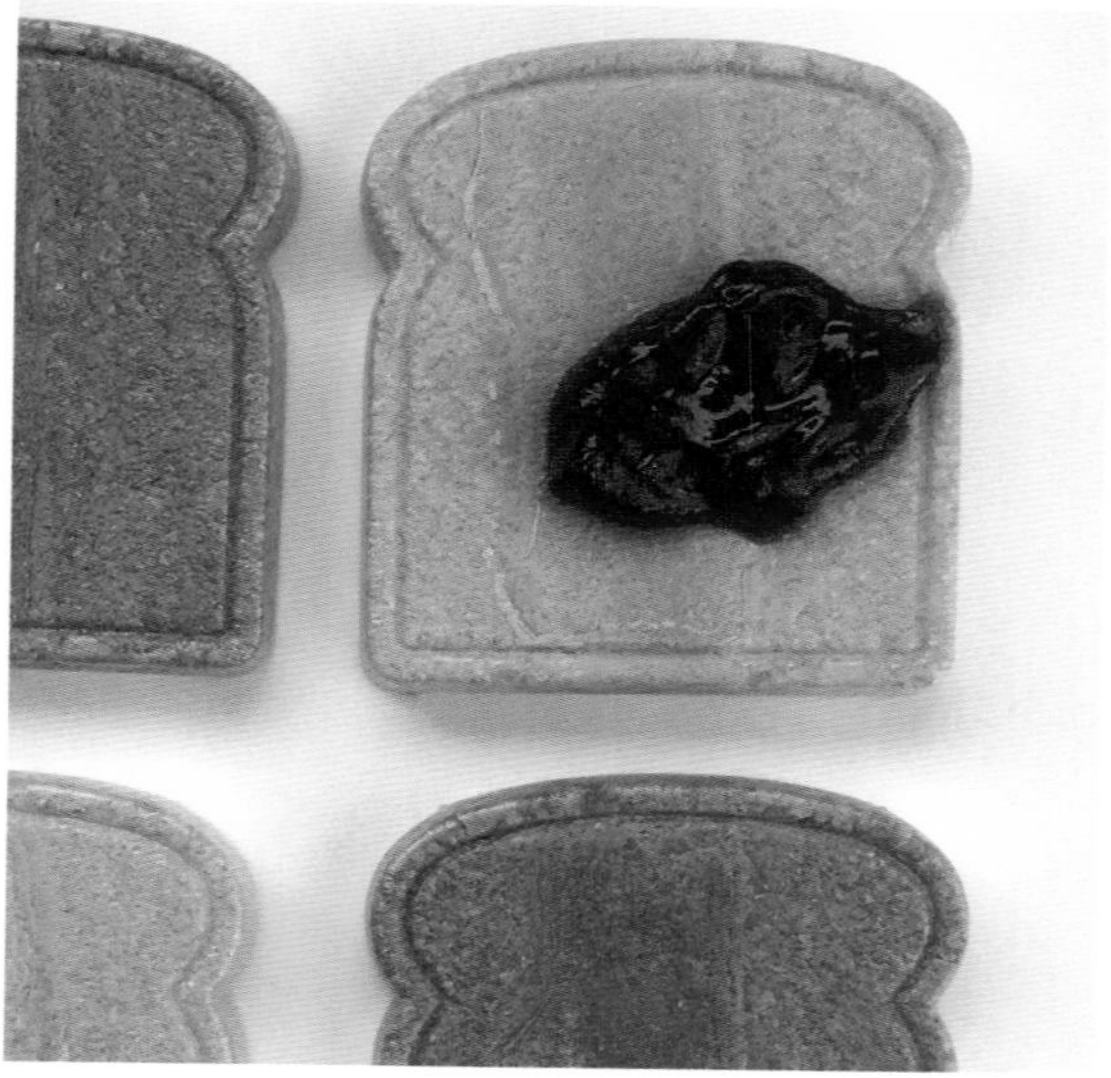

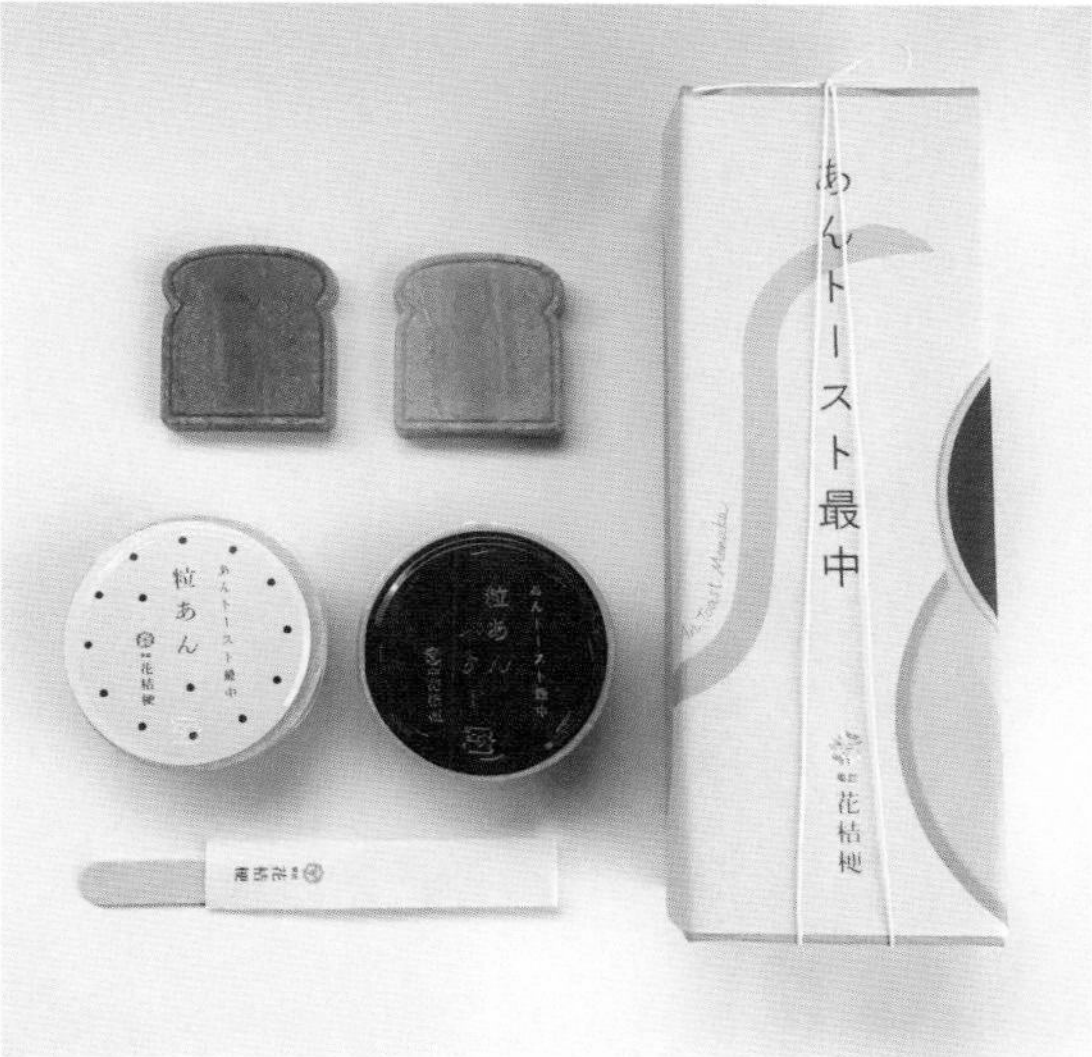
あんトースト最中
花桔梗
あんトースト最中
粒あん
花桔梗

尾張名古屋は菓子処

花桔梗　あんトースト最中

名古屋は尾張と呼ばれていた江戸時代から茶の湯が盛んな土地だった。武士や商人だけでなく、農民たちも畑仕事の合間に抹茶を楽しんでいたという。その慣習が今も続いているのだろうか、名古屋の豊かな喫茶文化には何度も驚かされた。

初めて名古屋の喫茶店を訪れたとき、モーニングと呼ばれるサービスがあることを知らず、コーヒー一杯にトーストやゆで卵がついてきたことに感激し「こんなにいただいていいのですか？」と尋ねてしまった。それから心密かに楽しみにしているのが小倉トースト。餡もパンも大好物の私には心嬉しい取り合わせだ。意外かもしれないが、これがコーヒーにぴったり。名古屋の喫茶店の最強コンビだと思う。

愛知県在住の知人の話では、毎週日曜日は家族揃って喫茶店で朝食を食べるのがお決まりで、三十分くらい順番待ちをするそうだ。そういえば名古屋を訪れたとき、日曜日の朝から喫茶店に行列ができているのを目にすることがたびたびあった。ずっと特別な割引サービスでもあるのだろうと思っていたが、それは愛知では日常の風景だったのだ。

茶処は菓子処。茶の湯文化が豊かな土地には、美味しいお菓子がつきものだ。名古屋にも数百年続く老舗の和菓子屋が数多《あまた》ある。現代的な意匠と素材で和菓子を作る、あんトースト最中を生み出した花桔梗《はなききょう》もそのひとつ。約四百年前に尾張藩藩主・徳川義直《よしなお》から御用《ごよう》菓子司《かしつかさ》に任じられた桔梗屋がその起源だそうだ。

あんトースト最中は、欲張りな私の願いを叶えてくれたお菓子。食パン型で厚みのある芳しい最中皮に、コクのある二種類の粒餡（粒餡と粒バター餡）を載せて味わう。しっとりとした皮も好きだけれど、パリッとした皮も同じくらい好物で、できればその両方を味わいたい。これは皮とあんが別々に箱に収められており、自らの手で仕上げる。そのためパリッとした食感も、餡を挟み時間を置いたしっとりとした口当たりも楽しめる、一挙両得の最中なのだ。

朝の食卓にあんトースト最中があれば、いつでも名古屋の喫茶店の余韻に浸ることができる。

不二家
ペコちゃん焼

カスタード
あずき
今だけ!
チョコ
くり

誕生日の記憶　不二家　ペコちゃん焼

誕生日が近づくと不二家レストランに連れて行ってもらえることが嬉しくて仕方がなかった。毎年注文していたのは、ペコちゃんの顔をかたどったスティックチョコレートを飾りにさしたパフェ。誕生日が待ち遠しかったのはペコちゃんのパフェが食べられるから、そう言っても過言ではないほどの大好物だった。

同級生の間ではサンリオのキャラクターが人気だったけれど、私は不二家のペコちゃんも大好きだった。ペコちゃんの笑顔を見るたびあのパフェの味を思い出し、いつでも幸せな誕生日の記憶が蘇ってくるから。

大人になった今もその慣習を続けている。私が暮らす杉並区にも不二家レストランがあり、誕生日が近づくと同じ誕生月の友人たちを誘って食事会を開く。不二家レストランは子供だけでなく、大人もキャンドルサービスで誕生日を祝ってくれるところが心嬉しい。年に一度、童心を忘れないための儀式のような心持ちで、友人たちと大人の誕生会を楽しんでいる。

東京で生活を始めて間もない頃、神楽坂に暮らす知人が
「近所の不二家でしか作ってないお菓子よ」

と手土産に持ってきてくれたのがペコちゃん焼だった。ペコちゃんの顔の形をした大判焼で、以前は各地の不二家の店頭で焼いて販売していたそうだ。しかし次第に作る店が減っていき、今では日本中で飯田橋神楽坂店でしか作っていない貴重な甘味。

さすがは不二家と感心するのが、中の餡にほどこされた遊び心の数々。不二家といえば誰もが真っ先に思い浮かべるミルキー。その味をイメージして餡にしたミルキークリームが一番人気で、もうひとつの不二家の顔、カントリーマアムをイメージした餡もある。私はまだ一度も出合ったことがないが、ペコちゃんのボーイフレンド、ポコちゃん焼が隠れているそうだ。

神楽坂あたりで用事があるときはいつもより早く家を出て、少しだけ遠回りしてペコちゃん焼を手に入れる。店頭で次々と焼き上げられていく様子を眺めているだけで自然と頬が緩み、いつしかペコちゃんのような満面の笑顔になっている。大人になった今も、ペコちゃんは私の心を明るく照らしてくれる存在だ。

尾道ロバ牧場
ロバクッキー

旅情をかき立てる味

尾道ロバ牧場　ロバクッキー

全国のさまざまなお菓子が気軽に取り寄せできるようになった。できればその場所まで足を運び、お菓子が生まれた土地の空気を感じながら購入したいけれど、取り寄せできたから出合えたお菓子もたくさんある。いつも遠くから届いた佳味を味わいながら、いつかこのお菓子が生まれた場所を旅してみたいと思いを馳せている。

近年クッキー缶が人気のようで、取り寄せできるおすすめを紹介してほしいという執筆依頼が増えた。幼き頃からクッキー缶が大好きな私にとってはずっと定番中の定番で、なんだか不思議な気分だ。しかしながら話題になることで知らないクッキー缶に出合う機会が増えるのは心嬉しいこと。実際に、このところ友人からおすすめを教えてもらうことが増えた。その中のひとつが、広島県にある尾道ロバ牧場が作るクッキー缶。

尾道を舞台にした大林宣彦監督の映画が大好きで、車の免許を取り立ての大学生の頃、友達三人と交代で運転しながら、大阪から尾道まで車旅をしたことがある。それから随分とときが流れ、尾道にたくさんの新しい店ができたと聞き、久しぶりに訪れたいと思っていたが、尾道ロバ牧場なるものができているとは知らなかった。

牧場主である田頭泰治さんは学生時代に読んだスペインの詩人J・R ヒメネスがロバに語りかける散文詩「プラテーロとわたし」に共感し、いつかロバと一緒に暮らしたいと思い続けていたそうだ。その思いが叶ったのは二〇一二年。最初に一頭のロバを飼い始め、今では八頭のロバ家族、ヤギと仲よく暮らしている。

なんとも愛らしいこのクッキー缶は、ロバの絵の缶の中にロバと牧草をかたどったクッキーがぎっしり詰め込まれている。厳選した小麦粉と三種類のスパイスをブレンドしたロバのクッキーは、瀬戸内レモンやほろ苦いカカオを使いアイシングがほどこされている。牧草形のクッキーには野草のスギナが練り込まれていて、自然に囲まれた牧場の長閑《のどか》な景色を想像させる豊かな滋味が口の中に広がっていく。

缶の絵柄は毎年変わるそうで、私が取り寄せしたときは影絵作家・藤城清治さんによる、ロバに乗った旅人が描かれた缶だった。その絵を眺めているだけで旅情がかき立てられ、優しい甘味を堪能しながら、尾道を再訪する日を思い描いた。

日東富士製粉
ホットケーキ
ハイミックス

ふたつのホットケーキミックス

日東富士製粉　ホットケーキハイミックス　マリールゥ　パンケーキミックス

日曜日の朝、たっぷり時間をかけてホットケーキを作った。母が混ぜた生地をボウルからすくい、ホットプレートに大小の水玉を落として焼くのは私と姉の役目。大きいのは父、中くらいが母と姉で、一番小さいのが私。自分用に小さな丸い粒を、いくつもせっせとこしらえた。小粒のホットケーキは大きなものよりカリカリと芳しい。ホットプレートの上に水玉模様を描いたような、小さなホットケーキが大のお気に入りだった。

帰省した際に立ち寄った昔ながらの食料品店の棚で、懐かしい顔と再会した。それは日曜日になると食卓に姿を現す日東富士製粉のホットケーキハイミックス。黄色いパッケージにはつやつやの厚いホットケーキが三枚積まれ、その上にバターが載った写真が印刷されている。それは日曜日の朝の楽しい食卓の光景そのものだった。

もうひとつ、大切なホットケーキミックスがある。

大阪の大学を卒表した後、京都の小さな出版社でアルバイトを始めた。仕事を覚えた頃、少し歳上の女性が手伝いにくるようになった。二人とも叶えたい夢があり、手を動かしながらよく将来のことを話し合った。彼女は自分のカフェを開くこと、私は東京に出て文筆家として生きていくことが目標だった。

料理が得意だった彼女はたびたび美味しい手作り料理を食べさせてくれて、いつしか同僚を越えた親しい間柄になっていた。京都で暮らした二年半で一番長い時間をともにした、同志であり親友だ。

私たちは同じ時季に京都を離れた。彼女は地元の新潟へ、私は東京へ住まいを移し別々の土地で新たな道を歩み始めた。上京したばかりの頃は毎晩のように彼女と夜更けまで長電話して、互いを励まし合った。

京都を離れてしばらく後、彼女は夢を叶え新潟にカフェを開店し、私も少しずつではあったが物書きの仕事を得るようになっていった。

彼女がカフェを始めて幾年か経った頃、新潟から荷物が届いた。

「厳選したシンプルな素材でパンケーキミックスを作ってみました。牛乳ではなく、ぜひ豆乳を使って調理してみてください」

マリールゥ パンケーキ ミックス

短文に目をおとすのが
こわいくらい
あざやかだ。
はじめて会った7年前、
みのりちゃんは
24才の少女だった。
言葉がすきだと
話してくれた少女は
本当に言葉の世界のヒトに
なったんだね。
おめでとう。
魚喃キリコ
ジャーナル
甲斐みのり

マクロビオティックを学び、カフェでもそれを取り入れたメニューを出していると話していた彼女が生み出したパンケーキミックスはどんな味なのだろう。今すぐ食べたいが、あいにく冷蔵庫には牛乳しかない。はやる気持ちを抑えられなかった私は、小走りで豆乳を買いに出掛け、家に戻ると一目散で台所に向かった。

できあがったパンケーキを食べた瞬間、ふんわり食べ応えのある食感と小麦粉の風味が口の中に広がっていった。大袈裟でもお世辞でもなく、こんなに美味しいパンケーキを食べたのは初めてだった。乳製品と卵を一切使わなくてもこんなに深みのあるパンケーキができることに心底驚いた。彼女のパンケーキミックスは、ただ美味しいだけでなく、毎日でも食べたくなる不思議な魅力がある。それは京都に住んでいた頃によく食べさせてもらった彼女の料理と同様、飽きのこない滋味深い味だ。

彼女はカフェを始めて十六年目に惜しまれながら店を閉じ、現在は夫婦でパンケーキミックスの製造販売に専念している。カフェの店名からマリールゥと名づけられたパンケーキミックスは今や大人気で、日本中の人たちを笑顔にしている。そんな彼女を、古い友人のひとりとして誇らしく思っている。

彼女には大きな恩義がある。敬愛する漫画家・魚喃《なななん》キリコさんと引き合わせてくれたことだ。彼女とキリコさんは同じ予備校に通っていた仲で、その縁から働いていた出版社のグッズ用の絵をキリコさんが描いてくれることになった。大ファンの私は連絡業務をやらせてほしいと名乗り出た。そしてその仕事が終わる頃、キリコさんに無謀なお願いをした。

「いつかエッセイ集を出せる日がきたら、帯に文章を書いていただけませんか？」

「いいよ。そのときには連絡してね。待ってるから」

数年後、初めてのエッセイ集を出すことになった私は、思い切ってキリコさんに連絡した。きっとあのときに話したことなど忘れているだろう、そう思いながら。

「約束したこと、覚えているよ」

その言葉は、生きていてよかったと心の底から思うほど嬉しいものだった。それから数週間後、キリコさんからファックスが届いた。

短文に目をおとすのがこわいくらいあざやかだ。
はじめて会った七年前、みのりちゃんは二十四才の少女だった。
言葉がすきだと話してくれた少女は
本当に言葉の世界のヒトに、なったんだね。おめでとう。　魚喃キリコ

キリコさんの文章が帯に書かれた本が完成した日、私はそれを真っ先に彼女に送った。

池田食品
タマゴボーロ

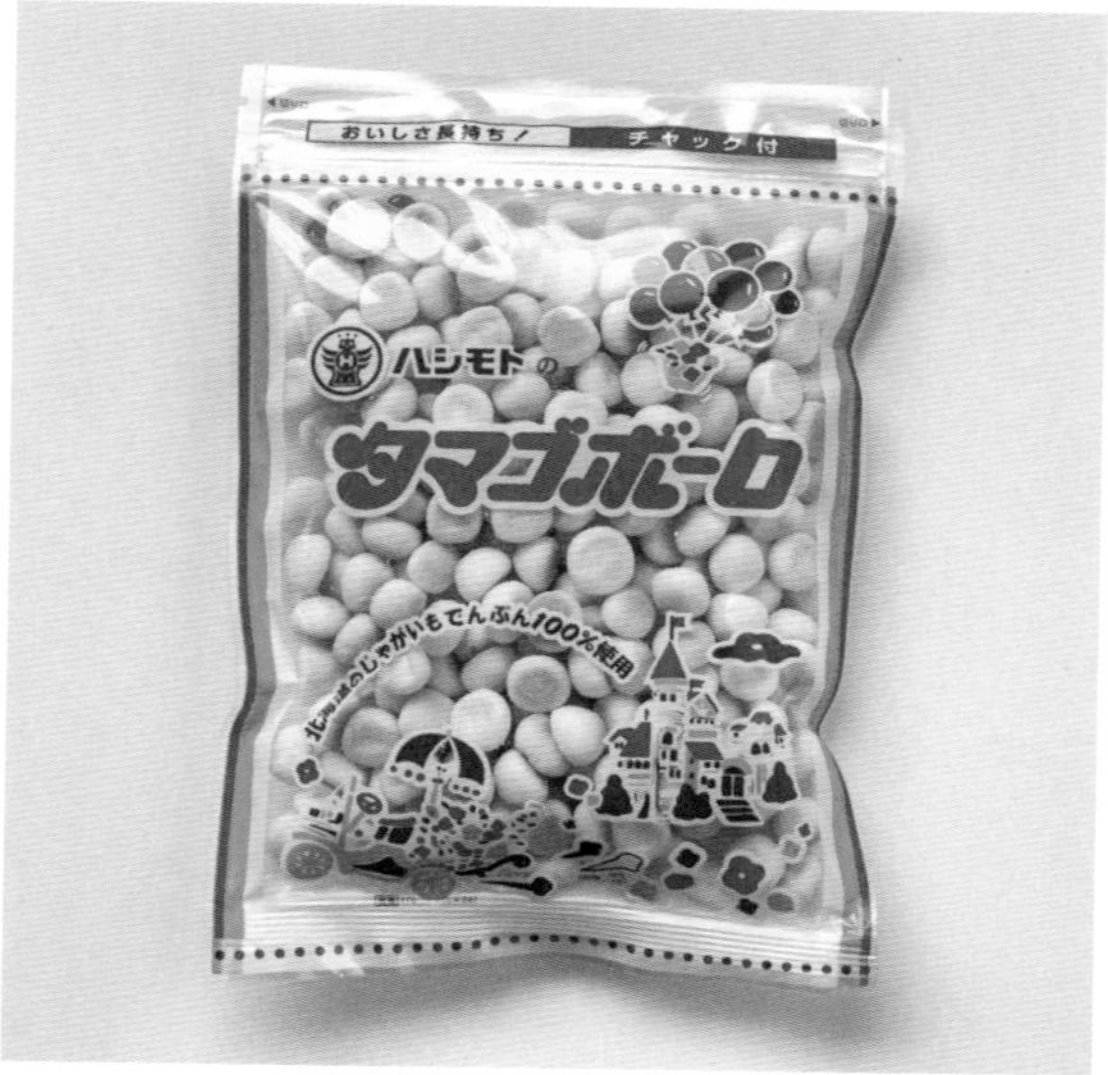

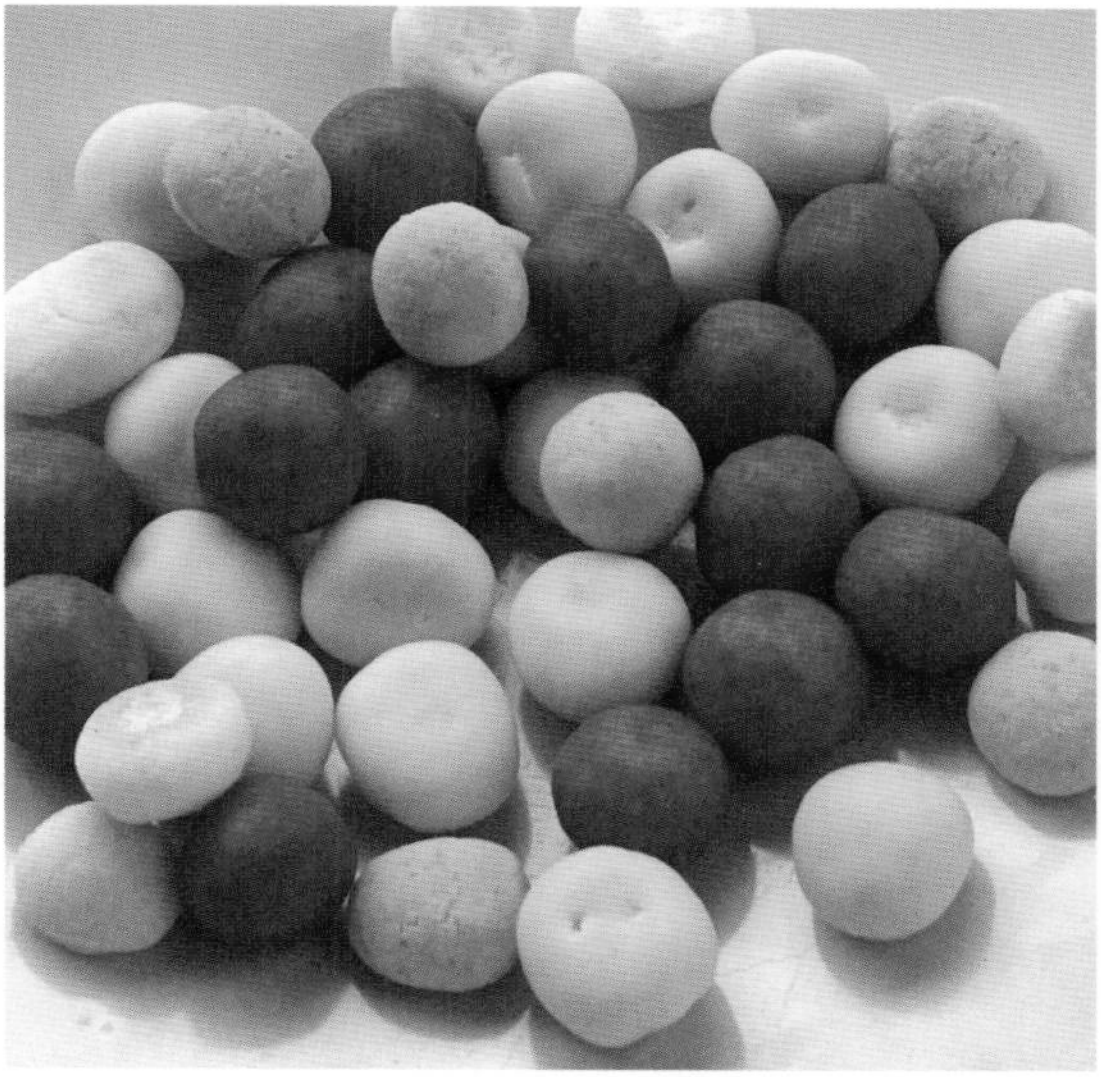

おばあちゃんの最後の贈り物

池田食品　タマゴボーロ

　京都に住んでいた頃、敬老の日を前に、祖母に電話をかけてほしいものを尋ねた。すると返ってきたのは、思いがけない答えだった。

「私あれが好きなのよ。小さくて丸くて、口に入れるとすぐに溶ける、みのりも好きだったお菓子。そうそう、タマゴボーロが食べたいな」

　タマゴボーロは、小学生時代に好んで食べていたお菓子だ。友達から

「それ赤ちゃんが食べるのだよね」

　と笑われても高学年まで毎日のように愛食していた。口の中でまったり溶けてなくなる、ほっと一息つける優しい甘みが大好きだった。祖母も好んでいたとは思いもよらなかった。

　京都らしい和菓子を選びたいと思っていたが、近所のスーパーでタマゴボーロ数袋を求め祖母の元へ送った。ごく普通のタマゴボーロだったけれど大層喜んでくれて、それから年に数回、祖母が養護施設に入所するまで、手紙とともにタマゴボーロを送り続けた。

北海道の取材旅の途中、スーパーのお菓子売り場で愛らしいパッケージのタマゴボーロが目に留まった。偶然にもそれは、翌日取材に伺う池田食品のものだった。不思議な縁を感じながら、なにより真っ先に祖母の顔を思い出し、数袋をカゴの中へ入れた。

祖母が入所していた養護施設は食べ物の差し入れができなかったため、しばらくタマゴボーロから遠ざかっていた。旅から戻り、北海道で手に入れた美味しいあれこれをすぐに味わったのだが、なぜかタマゴボーロだけは封を開けることができなかった。

ほどなくして祖母が旅立った。大正生まれ百三歳の大往生、長生きしたねとみんなで送り出した。葬儀のため一週間実家で過ごしたが、こんなにもゆっくり帰省したのは十年ぶりのこと。懐かしい親族やご近所さんと再会できたのは、祖母からの最後の贈り物だった。

四十九日法要の夜、帰京してふと思い出したのは、祖母と同じ大正生まれのタマゴボーロ。ようやく封を開け一粒口に入れた瞬間、舌の上でまろやかに溶けていくことに驚いた。池田食品では口溶けをよくするため、小麦粉の代わりにじゃがいもでんぷんを使っているそう。こんなに優しい口当たりのタマゴボーロは生まれて初めてだった。

思い出の味を口にしながら、心の中で祖母と約束した。

「次のお盆、北海道で見つけたとびきり美味しいタマゴボーロ、持っていくね」

赤福本店
赤福餅

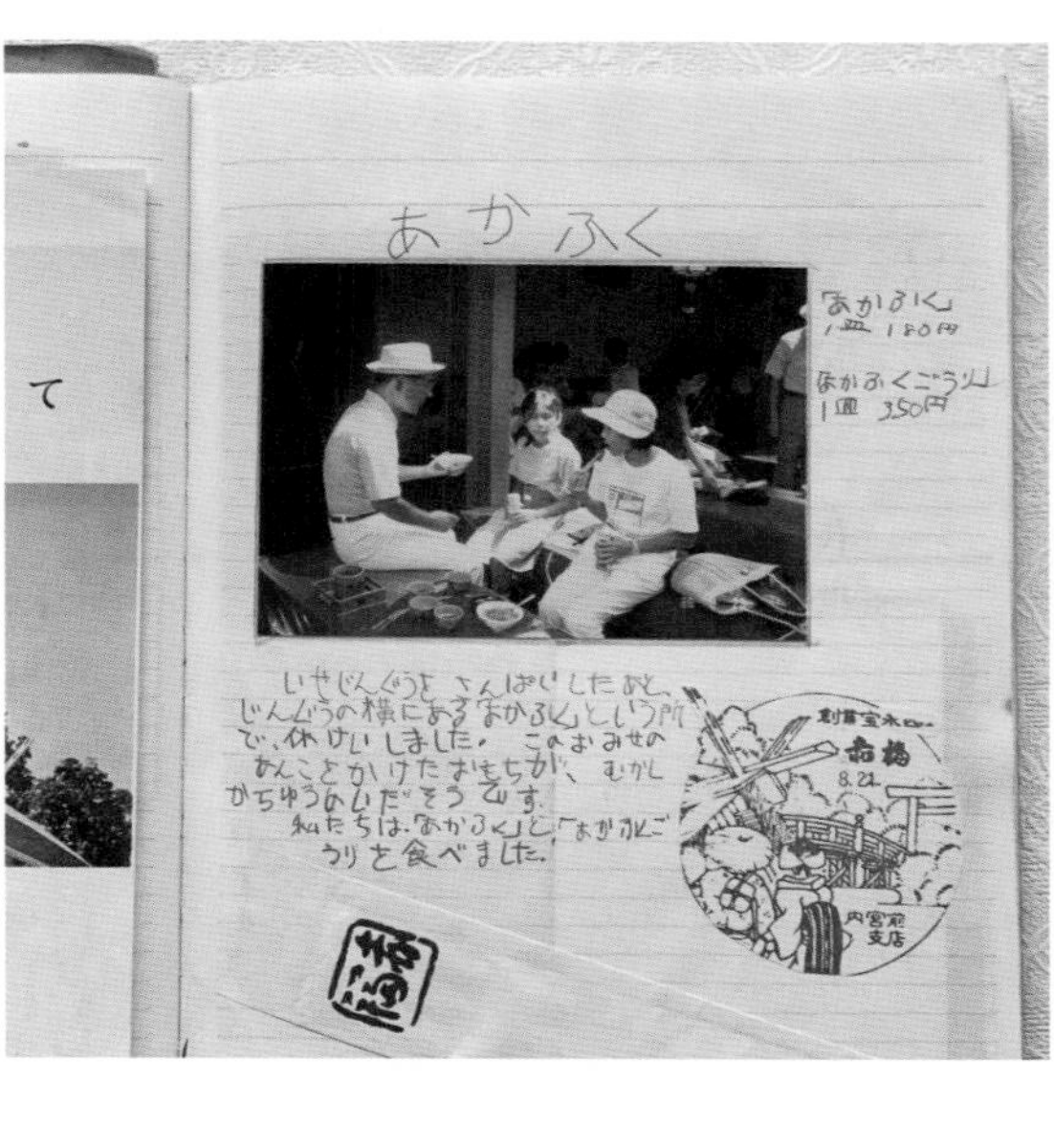
て
あかふく
「あかふく」
1皿 180円
「あかふくごうり」
1皿 350円
いせじんぐうを さんぱいしたあと、
じんぐうの横にある「あかふく」という所
で、休けいしました。このおみせの
あんこをかけたおもちが、むかし
からゆうめいだそうです。
私たちは「あかふく」と「あかふくご
うり」を食べました。
創業宝永四年
赤福
8.24
内宮前
支店

日本一早い朝おやつ　赤福本店　赤福餅

　これまでの人生でもっとも早い時間に味わった朝おやつは、伊勢神宮・内宮前のおかげ横丁にある赤福本店の赤福餅。

　赤福本店は伊勢神宮の参拝が始まる朝五時に開店する。朝一番に竈《かまど》に火を入れて湯を沸かす様子から取材するため、まだ夜が明け切らぬうちに近くの宿を出発した。赤福本店に到着した頃、辺りはまだほの暗いまま。そんな中、風情ある木造の建物から柔らかい光がこぼれるのを見つけて、ほっと安堵した。

　日が昇り、清々しい朝日が差し込んできたちょうどその頃、出来立ての赤福餅と竈で沸かした湯で淹《い》れた番茶が運ばれてきた。赤福餅を口にした瞬間、こっくり深い餡の甘さが、ぼやけた身体にみるみる染み入り、ぱっちりと目が覚めた。早朝から赤福餅を美味しく食べられるだろうかという心配などどこ吹く風で、気がつくと赤福餅二個と芳しい番茶をたちまち平らげていた。

朱塗りの竈からゆらゆらと湯気が上がる店内で赤福餅を味わいながら、伊勢参りが大流行した江戸時代を想像した。当時の人たちもこんなふうに美味に興じていたのだろうか。長旅で疲れた体に、赤福餅が心底染みたことだろう。

赤福本店は、私が甘味にどっぷりはまるきっかけになった店でもある。

小学四年の夏休み、家族旅行で伊勢神宮を参拝した。その帰りに赤福本店で、今まで経験したことのない美味しさの衝撃を得たのだった。私が注文したのは、夏しか食べられない赤福氷。抹茶の蜜がたっぷりとかかった、雪のようにふわふわとしたかき氷の中には、餡と餅が入っている。子供ながらに、これまでに食べた甘いものと比することができぬほどの、圧倒的な奥深い味に心を打たれた。

毎年、夏の家族旅行を夏休みの自由研究として記録していた。写真とともに旅の思い出を綴っていて、その年の旅行記も未だ手元に残っている。久しぶりに読み返すと、拙《つたな》い文章ながら、小学四年の私が赤福氷に心酔する様が真っ直ぐに伝わってきた。

自由研究の旅行記と同じことを今生業《なりわい》にしている。甘味を求めて全国各地を旅してそれを認《したた》める仕事をしているが、その原点となったのは小学四年の夏に食べた赤福氷の味。あのときの胸の高鳴りが、旅して食を綴る私の出発点だ。

長崎
レデンプトリスチン
修道院
クッキー缶

クッキーとドリフ

長崎レデンプトリスチン修道院　クッキー缶

幼少期は毎晩八時に床に就くと決められていたが、土曜日だけは特別だった。九時までザ・ドリフターズのテレビ番組『8時だョ！全員集合』を観ることが許された。

もうひとつ楽しみにしていた番組がある。一年に一度クリスマス時分に放送される『ドリフのクリスマスプレゼント』。とりわけ好きだったのがクリスマス人形劇。メンバー五人がサンタクロースに扮した人形による寸劇で、声は本人が演じていた。たしか放送は平日の夜だったけれど、その日も特別に人形劇を観終わるまで起きていてよかった。一週間に二度も夜更かししてザ・ドリフターズを観られることが、クリスマスプレゼントと同じくらい嬉しかった。

母はプロテスタントのキリスト教徒で、子供の頃は私も日曜礼拝に参加していた。ある年クリスマス礼拝と『ドリフのクリスマスプレゼント』の放送日が重なったことがあった。人形劇を観たいけれど礼拝にも参加したい。なぜならクリスマスには牧師が用意する特別なクッキーがもらえたから。クッキーも人形劇も諦められない。礼拝が終わると全速力で家に戻り、息を切らしながらテレビをつけると、運よく人形劇が始まったばかりだった。

中世からカトリックの修道院では生活の糧としてお菓子を作っていた。その慣習は今も続いていて、日本でもさまざまな修道院がお菓子を作り、販売している。建築が好きな私は各地に旅した折、名建築の教会に立ち寄る。巡るうちに修道院のお菓子を販売する教会が多いことに気がつき、それを求めるのが楽しみのひとつになった。

長崎レデンプトリスチン修道院のクッキー缶は、華やかさとは対極にある、素朴で誠実な味。優しく美しい缶の意匠からも、心温かく真摯なお菓子であることが伝わってくる。そして、修道院のお菓子は総じて手頃な値段であることにも驚かされる。大きな利益を求めず、あくまで生活の糧として安価で提供する姿勢にも胸を打たれる。

修道院のクッキーを朝おやつに食べていたある春の日、子供の頃に夢中になったコメディアンが感染症で旅立ったというニュースが流れてきた。悲しい報《しら》せに動揺しながらも、ふとクリスマスにテレビで見た人形劇と、礼拝でもらったクッキーの優しい味が鮮明に蘇ってきた。この先、修道院のクッキーを口にするたび、クリスマスの記憶とともに、照れたようなあの優しい笑顔を思い出すだろう。

ルルメリー
四種のルルガトー

古くて新しいレトロなお菓子

ルル メリー　四種のルルガトー

美味しいお菓子に出合うと、それを独り占めしないで、多くの人とともに愛でたくなる。自分で食べるお菓子を買うことと同じくらい、人に贈るお菓子を選ぶことが好きだ。共感できる人たちと喜びを分かち合うため、贈り物にお菓子を選んでいる。

味はもちろん、箱や包み紙の意匠も重要。美しくて愛らしいお菓子の方が、贈られたときの嬉しさも増すだろう。

この数年、もっとも多く贈り物に選んできたのが、品のある華やかなドレスをまとったルル メリーの焼き菓子。殊に四種のルルガトーは、帽子箱のような丸い箱が往年の銀幕女優のように美しく、大切な人に幾度となく差し出してきた。

先般、出身地の静岡県富士宮市で開催された講演会に登壇した。会場運営の手伝いをしてくれた母校の高校生たちにルルガトーをお礼に手渡したところ、想像もしなかった反応が返ってきた。

「かわいいー！」

と満面の笑みで喜んでくれたのだ。

昭和生まれの私からすると、どこか懐かしさを覚える容姿をしている。しかし、高校生たちに懐かしいという感情は一切ない様子で、純粋に愛らしいと感じたようだ。年齢は違えども、ルルガトーに同じ感覚を抱いてくれたことが嬉しかった。

「レトロなものが好きなんですね」

とよく言われる。それは間違いではないけれど、私が考えるレトロとは少し違う意味合いでその言葉を捉えている気がする。昔からあるけれど古さを感じない、いつの時代にも通用する普遍性を持った美しさを内包しているもの。レトロの意味合いをこう表現するのが、私には一番しっくりくる。古くてもしっくりこないものもあるし、最新のものでも一目で心を奪われるものもある。

ルル メリーは、日本にバレンタインの風習を根づかせたメリーチョコレートの新ブランド。私が中学生のとき、バレンタインに初めて買ったのもメリーチョコレートで、今も変わらず大好きだ。長年に渡りチョコレートを作り続ける老舗、メリーチョコレートが新しく始めた現代の若者も魅了するこのブランドこそ、レトロと呼ぶにふさわしい。

わらべ
チーズ饅頭

うまさがちがう本家の
チーズ饅頭
予約

宮崎の定番　わらべ　チーズ饅頭

ずっと自分の苗字がコンプレックスだった。甲斐《かい》という苗字は静岡では珍しく、小学生にはその響きが面白かったのか、からかわれることがあった。今思えば、子供同士の戯《たわむ》れにすぎないが、幼かった私は苗字を変えたいと親に泣きついて困らせたこともあった。

思春期を迎えても自分の苗字にどうも馴染めず、仲のいい友達にはみのり、と名前で呼んでほしいとお願いしていた。しかし宮崎を訪れたときに、自分の苗字に生まれて初めて親しみを感じることができた。

甲斐は宮崎で二番目に多い苗字だそうで、実際に何人もの甲斐さんと出会った。同じ苗字ということで初対面なのに気心を許し、親しみを持って優しく接してくれたのだ。それもあって、初めて会う人とも人見知りすることなく会話が弾んだ。

帰って家族にその話をすると、父の口からそれまで私が知らなかった事実が語られた。

「みのりのおじいちゃんは宮崎県延岡市が故郷なんだよ」

私が生まれた頃には父方の祖父は亡くなっていたため一度も会ったことがなく、自分のルーツが宮崎にあることをそのときまで認識していなかった。

宮崎の旅の途中、地元に根づいた甘味と出合った。それはチーズ饅頭《まんじゅう》という聞き慣れない名前のお菓子。クッキー生地の中に柔らかいクリームチーズが入った焼き菓子で、饅頭というよりもレアチーズケーキが進化したものといった方が近いように思う。

宮崎県内のさまざまな店で作られているが、いくつか食べた中で私が虜になったのは、わらべが作るチーズ饅頭。数あるお菓子の中のひとつとしてチーズ饅頭を作っている和菓子屋や洋菓子屋が多いけれど、わらべの店頭に並ぶのはチーズ饅頭だけ。ここはチーズ饅頭の専門店なのだ。

地元の人たちから愛されている店で、毎日昼頃には売り切れてしまうほど。それを知らず、初めて訪れたときはのんびりお昼過ぎに出掛けてしまい、完売した後だった。翌朝一番で再訪し、ようやく宮崎では馴染みの味を買うことができた。

ほどけていくような柔らかい甘さを味わいながら、宮崎で出会った温かい人たちの笑顔を思い出していた。自身のルーツであった宮崎の銘菓と人々の優しさが、甲斐という苗字に対する劣等感をすっかり拭い取ってくれた。

田村町木村屋
バタークリームケーキ

バラ模様の可憐なケーキ　田村町木村屋　バタークリームケーキ

日本のパン食文化を開花させた銀座の木村屋総本店から暖簾《のれん》分けし、明治三十三年に旧芝区田村町（現在の都営三田線・内幸町駅のほど近く）にパン製造と小売店舗を開業した田村町木村屋。田村町の名はなくなってしまったが、店名にしっかりと土地の記憶が刻まれている。

大正九年にパン食促進のために喫茶部門、昭和八年には洋食部門を開設し、今でも変わらずパンとともに洋菓子と洋食が楽しめる。店内の壁には江戸川乱歩、山田風太郎、岡本太郎ら、この店を愛した名だたる文化人たちのサインや作品が掲げられている。

この店一番の人気者は、もっちりとしたクレープ生地で、ぽってりとしたカスタードクリームとバナナを包んだバナナケーキ。近くに劇場も多い場所柄、差し入れの定番としても知られている。しかし私にとってのアイドルは、可憐《かれん》なバラの装飾が施されたバタークリームのケーキ。きめ細かな三層のスポンジ生地と、口に入れた途端なめらかにとろけるバタークリームの上品な組み合わせは、遠い日の記憶を呼び起こしてくれる。

祖父母が訪れる日は、お土産に持ってきてくれた華やかなバタークリームのケーキを、普段は食器棚の奥に大切に仕舞われている花柄のティーカップやケーキ皿で優雅に味わうことができた。祖父母にとっては主流になりつつあった生クリームのケーキより、バタークリームのケーキに馴染みがあったのだろう。

濃厚な味わいのバタークリームはその硬さゆえにデコレーションに向いている。祖父母が持ってきてくれたバタークリームのケーキにも、美しい花の模様や繊細な装飾が施されていて、それを見ただけで幼い私の胸は高鳴った。

美しいバラの飾りがついた上品な風味のバタークリームのケーキを食べるたび、祖父母と一緒に過ごした特別なお茶の時間を思い出す。バタークリームのケーキを作る店はすっかり少なくなってしまったが、変らず作り続けてほしいと切に願う。ただのノスタルジーではない。私は心から田村町木村屋のバタークリームケーキを愛している。

大地のおやつ
玄米の五平餅

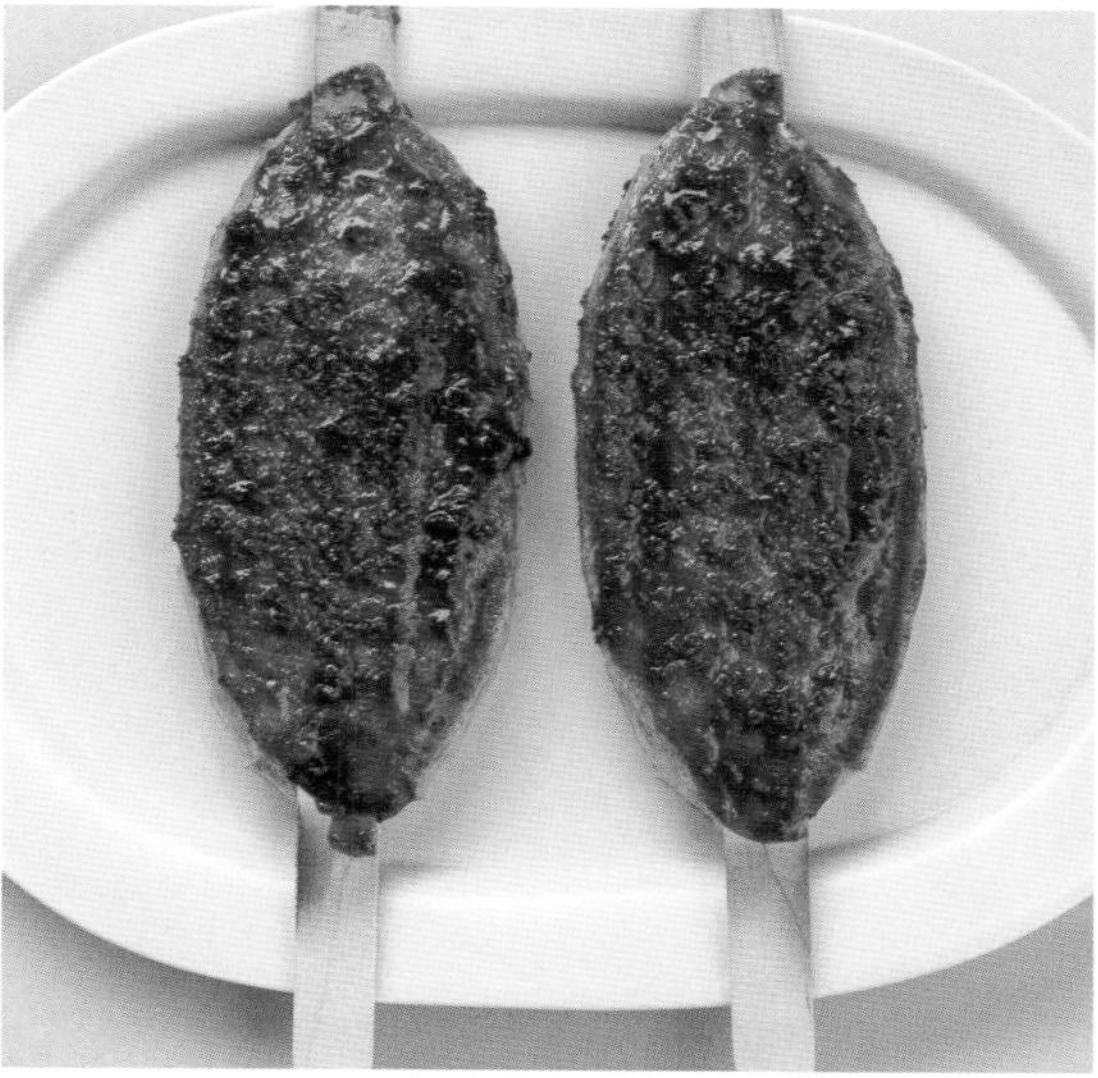

熱情が生んだ味

大地のおやつ　玄米の五平餅

取材でお菓子を作る過程を見学したり、職人の話をゆっくり訊《き》く機会に恵まれるたび、お菓子への愛がむくむくと膨れあがる。味わうことと同じくらい、職人がどんな気持ちで作っているのか、それを感受することを大切にしている。

大地のおやつは、まっちんの愛称で知られる和菓子職人の町野仁英さんと、岐阜県の老舗油問屋・山本佐太郎商店の四代目、山本慎一郎さんとの出会いから誕生した。大地を感じる力強くて優しいおやつを岐阜から全国に発信している。二人とも私と同世代で、何度か会ううちに気心が知れる仲になった。お菓子への熱い想いを語り合う彼らに私はただただ感心し、尊敬の念を抱いている。

熱情溢れる二人が生み出す大地のおやつは逸品揃いであるが、その中で朝おやつに選びたいのは玄米の五平餅。

五平餅は、中部地方の山間部が発祥といわれる郷土おやつ。粒が残るくらいについたうるち米を串に刺し、たれをつけて焼いたものだ。家族旅行で岐阜を旅した折、高速道路のサービスエリアの、アメリカンドッグなどが並ぶホットスナック売り場で、平べったい焦茶色の食べ物を初めて目にした。地元の人たちが次々と買い求める様子を見て、この土地ではお馴染みの食べ物なのだろうと想像がついた。そうして私も父にねだり、甘じょっぱいたれのもっちりとした五平餅を夢中で平らげた。

以来、出合う機会がなかったが、大地のおやつから五平餅が発売されると聞いて、早く食べたいと心が踊った。あの味を二人はどんなふうに表現するのだろう。

うるち米で作るのが一般的であるが、大地のおやつの五平餅は風味豊かな国産の発芽玄米を使っている。真空パックされた焼く前の五平餅には、国産醤油・有機豆味噌・粗糖・有機すりごまを練り合わせた特製だれがついているので、焼きおにぎりのように焼くだけで味わえる、その手軽さも朝おやつにぴったりだ。

昔からある銘菓は、誕生の歴史を知ることはできても、それを生み出した人の気持ちを直接訊くことはできない。しかしこの五平餅が完成するまでの物語は、いつものように二人が熱く語ってくれるだろう。岐阜の風景に想いを馳せながら、ちょっとおこげがつくくらいまで、こんがり焼いた熱々の五平餅を頬張った。

越後家多齢堂
カスティラ

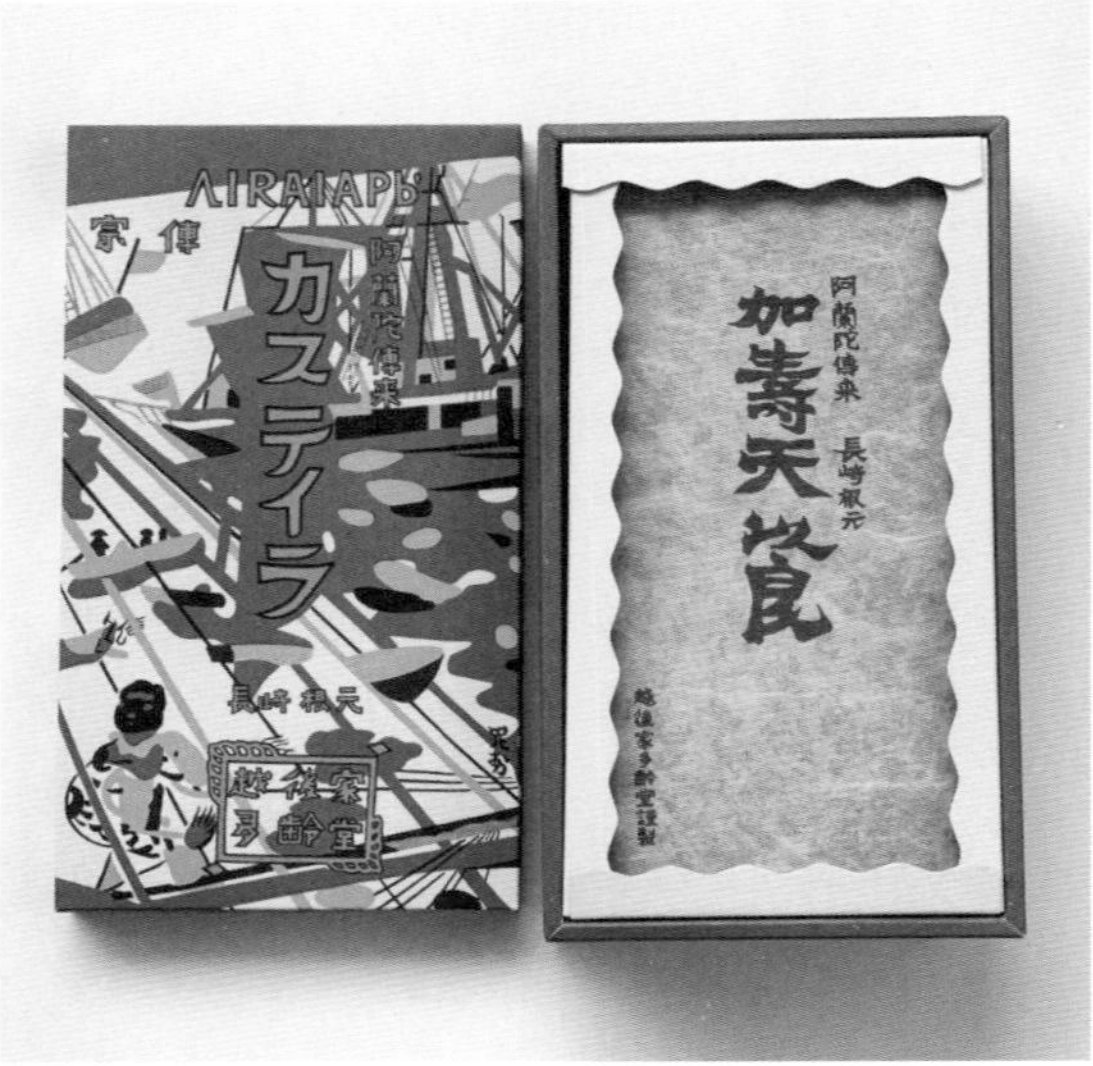

カステラには牛乳

越後家多齢堂　カステイラ

カステラはポルトガルから伝わったお菓子と、どこかで聞いたことはないだろうか。私もずっとそう思っていたが、各地のお菓子を調べていくうちに、どうやらそれは細かく言えば正確ではないことを知った。

戦国時代に日本を訪れたポルトガルの商人や宣教師が持ち込んだお菓子がその起源と言われているが、私たちが思い浮かべるそれとは別物。鎖国が続いた江戸時代、唯一の交易の拠点であった長崎に砂糖が輸入されるようになった。その砂糖を使ったお菓子が長崎で作られるようになり、独自の発展をして完成したのがカステラの原型である。

今では和菓子店でも洋菓子店でも、さらにはパン屋まで、さまざまな店で作られていて、和菓子なのか洋菓子なのか、その分類は非常に難しい。一筋縄ではいかない存在だけれど、海外のものを独自に発展させることが得意な日本人らしい、自由なお菓子だと思う。

二匹の野ネズミが山の中で見つけた食材で大きなカステラを作る絵本『ぐりとぐら』が

大好きだった。森の仲間たちとみんなでカステラを食べる場面を読んで以来、私にとってカステラはみんなを笑顔にする幸せなお菓子の象徴になった。

幼い頃から、カステラに欠かせなかったのが牛乳。紅茶・緑茶・ジュースなど、いろんな飲み物と合わせてみたが、やっぱりカステラには牛乳だ。

カステラには牛乳、それになんの疑問も持たなかったが、改めてどうしてなのだろうと考えた。そうだ、カステラは菓子パンに近いものなのかもしれない。このことに気づいてから、しばしばカステラを朝食として食べるようになった。早朝からの仕事でゆっくり朝食の準備ができない日でも、カステラを二、三切れ食べておけばお昼まで空腹を忘れるほど腹持ちがいい。そんなところも菓子パンに近いと思う理由だ。

京都の越後家多齢堂《えちごやたれいどう》のカステイラは日本一牛乳と相性がいい（と私が勝手に思っている）。江戸時代末期から作り始め、今も製造しているのはカステラだけという専門店。

京都で働いていた頃、給料が入ると市内の和菓子や洋菓子を、自転車を飛ばして買いに行くのが楽しみだった。たくさんの名店があるのに、気がつくといつも越後屋多齢堂へ向かいカステイラを求めていた。その頃も朝ごはんとして牛乳と一緒に食べていたから、私の朝おやつの起源ともいえる佳味である。

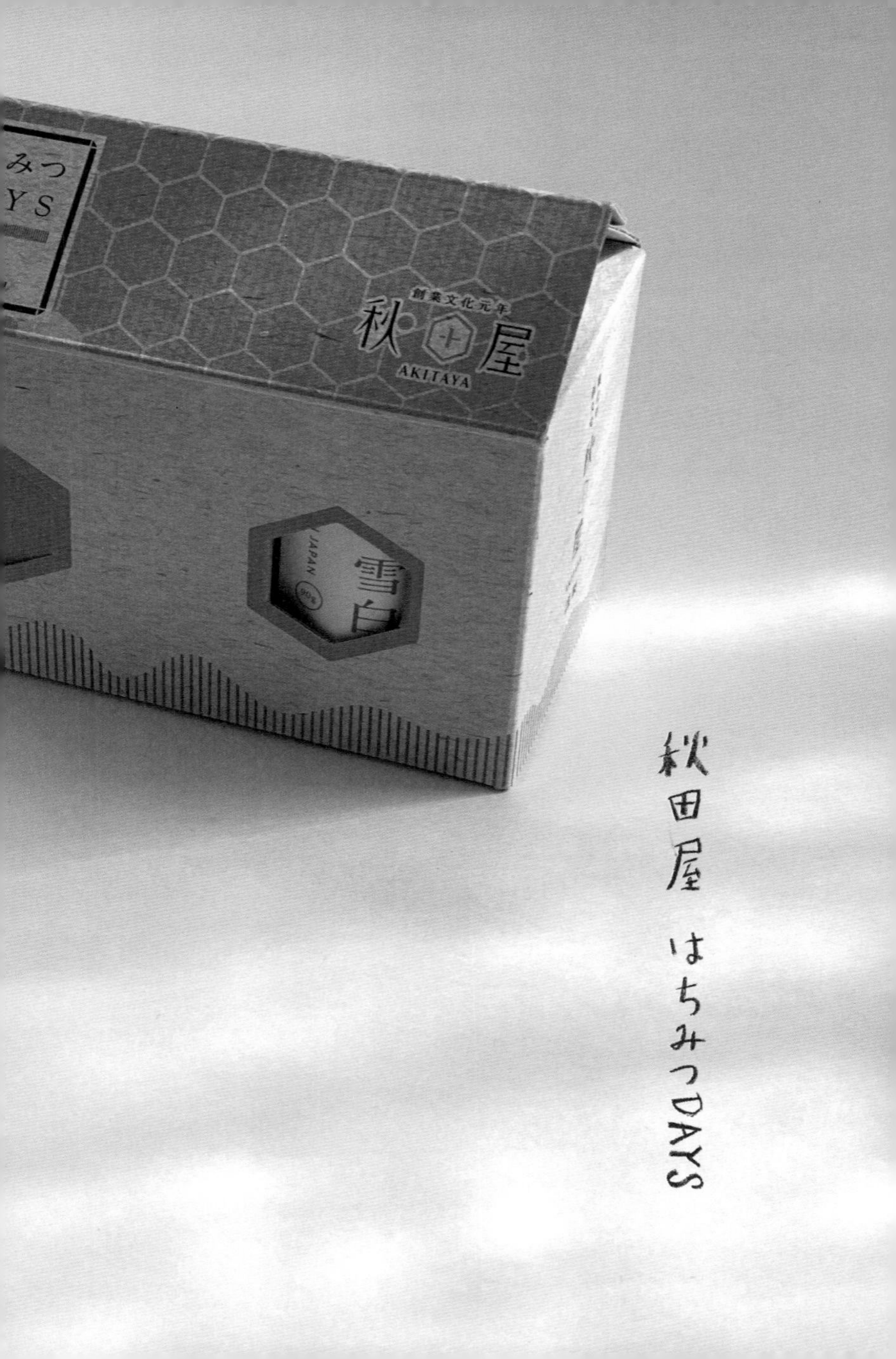

秋田屋 はちみつDAYS

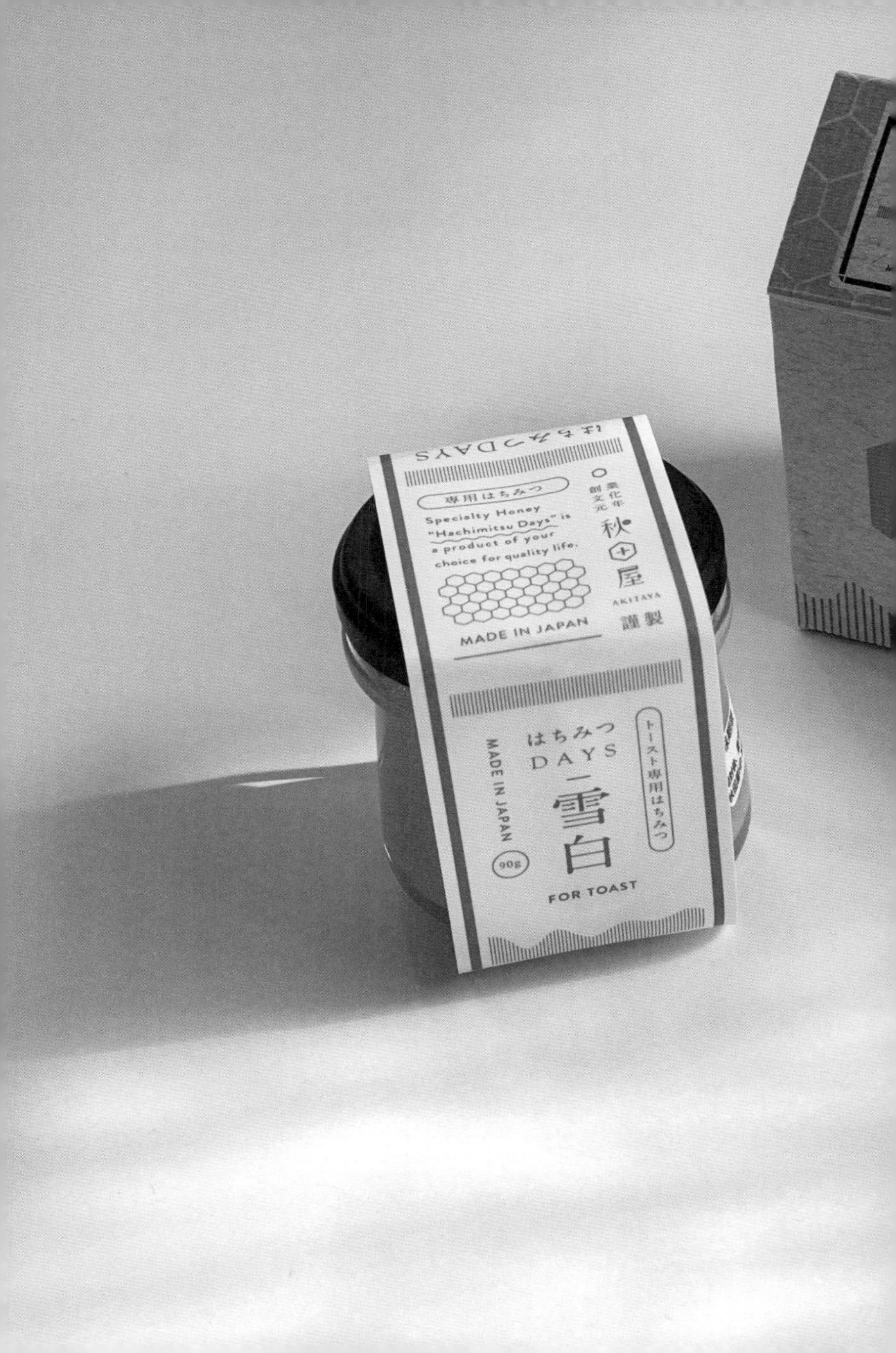
はちみつDAYS
専用はちみつ
Specialty Honey "Hachimitsu Days" is a product of your choice for quality life.
創業文化元年
AKITAYA
謹製
MADE IN JAPAN
はちみつ
DAYS
雪白
トースト専用はちみつ
MADE IN JAPAN
90g
FOR TOAST

笑顔になる甘味

秋田屋　はちみつDAYS

理想の家を想像して間取り図を描くのが好きだった。台所・寝室・風呂・トイレはもちろんのこと、読書の部屋・おもちゃの部屋・おやつの部屋・洋服の部屋というふうに、好きなことに没頭するための専用部屋を作った。今も変わらず、私は専用という響きに惹きつけられてしまう。

近代養蜂《ようほう》発祥の地・岐阜にある秋田屋は、一八〇四年に初代が材木商を開いたことに始まる、日本最古の養蜂問屋。秋田杉を使った巣箱など、養蜂器具を手がけたのを端緒に、明治時代から養蜂部が創設された。

自然豊かな岐阜県内の養蜂場でミツバチを飼育する秋田屋が開発したはちみつDAYSは、トースト・ヨーグルト・チーズ・コーヒー・パンケーキ・カレーというふうに、あらかじめ食べ方を特化して作られた六種類の専用はちみつ。普段なにげなく味わっているはちみつも、世界中を見渡せば千を超える種類がある。そのひとつひとつを意識しながら食べ比べてみると、風味の違いがはっきりわかるけれど、言葉だけでは伝わりにくい。それならばと、はちみつの特性を知り尽くした創業二百年の老舗ならではの提案として、用途を限定した専用はちみつを生み出した。

一番人気はトースト専用の雪白《ゆきしろ》で、秋田屋がぜひ食べてほしいと推しているのがカレー専用の加哩《カレー》。カレーにはちみつを加えると味に深みが出て、専門店のような本格的な味に仕上がる。私も実際に加哩を使ってみたところ、いつもと同じ食材、調理方法なのに、美味しさが格段に増したことに驚いた。

はちみつは甘味料として低カロリーというのを知ってから、日常的に料理や食事に取り入れていたが、この専用はちみつをきっかけに、ますます身近な存在になった。

はちみちは英語でハニーというが、この言葉は愛しい人を呼ぶときにも使われ、素晴らしいという意味もある。それは、はちみつが太古から人々に素晴らしい潤いをもたらしてきた、愛おしい幸せな甘味だからと想像する。甘いものを食べるとみんなにこやかになるけれど、人類が初めて感じた甘い幸せははちみつだったのかもしれない。秋田屋のはちみつDAYSは、日々の食の時間を豊かにしてくれる笑顔専用の甘味だ。

稲豊園
招福猫子まんじゅう

愛猫ビドとの日々

稲豊園　招福猫子まんじゅう

友人宅の庭先で猫が出産し、生まれたばかりの子猫を育ててくれる人を探しているという。その子猫の写真を見た瞬間、こう口をついて出た。

「この子、私が育てたい」

いつの日か猫と一緒に暮らしたいと夢見ていたけれど、それはまだ先のことと考えていた。けれどもそのとき、不思議と実際に顔も見ていない子猫との暮らしがありありと想像できたのだ。

数日後、生まれてまだひと月ほどの小さな雌猫が靴箱に入れられて私の元にやってきた。その子猫に、大好きなイギリスのバンド、モノクローム・セットのボーカリストの名を拝借し、ビドという名前をつけた。

それから十九年、嬉しいときも悲しいときも、ビドはいつでも私のそばにいた。晩年は寝ていることが多かったけれど、グーピーと寝息をたてながら気持ちよさそうに眠る姿も微笑ましくて「私も猫になりたいなあ」と思いながら眺めていた。

飛騨高山は、人と猫が仲よく暮らす町。高山駅から十分ほど歩くと、江戸末期から明治期に建てられた商家や屋敷が残る伝統的建造物群保存地区が現れる。さまざまな国からやってきた旅人で溢れ、古い町並みの中で各国の言葉が飛び交っていた。それはなんとも不思議な感覚で、おとぎ話の中に迷い込んだようだった。

明治時代創業の和菓子店・稲豊園《とうほうえん》の路地裏でも、数多の猫が散歩したり昼寝をしている。毎日野良猫たちと顔を合わせるうちに、和菓子にしようとご主人が思いついたのが、招福《しょうふく》猫子《ねこ》まんじゅうの起源。世界中の人々が集まる町らしく、さまざまな猫の姿がまんじゅうにかたどられていて、どの子も愛嬌たっぷり。味もそれぞれ個性が際立つ。白猫はプレーン生地にチーズ餡。ロシアンブルーは黒ごま生地に小豆こし餡。三毛猫はきな粉と竹炭を使ったプレーン生地に抹茶餡。黒猫は竹炭生地に黒砂糖餡。とら猫は黒砂糖生地に粒餡。

私が訪ねたときにも海外からの旅行者が求めていたが、ふと郷愁《きょうしゅう》に駆られたような表情をした。招福猫子まんじゅうの中に、家で待つ猫にそっくりなものを見つけ、今すぐ会いたくなったのかもしれない。そんなことを想像しながら、今はもう夢の中でしか会うことができないビドとの日々を思い出していた。

スワ ミルクヨーカン

最後に食べたいお菓子

スワ　ミルクヨーカン　中里　揚最中

全国を旅して、各地の美味しいものを紹介することを生業のひとつとしている私は、人生最後に食べたいものを訊かれることがしばしばある。こう尋ねられたとき、決まって脳裏に浮かぶのは甘味。十指に余るお菓子の顔が入れ代わり立ち代わり頭の中に現れて、とてもひとつに絞ることができない。日によってその顔ぶれは変わるけれど、必ず思い浮かべるものがふたつある。

ひとつは新潟県見附市民に愛される味、スワのミルクヨーカン。名にヨーカンとついているが、プリンやゼリーに近い、柔らかくまろやかな食感。材料は牛乳・砂糖・寒天のみと至って簡素。幼い頃に母が作ってくれた牛乳寒天の味を思い出したが、それより奥行きのある味がする。口の中にミルクの旨味の余韻が長く残り、不思議と何個も食べたくなる、クセになる味わいだ。

生まれて初めて口にした母乳はきっと、このミルクヨーカンのような柔らかい甘さだったのではないだろうか。記憶に残っていないのに、そんなことを思い描いてしまうほど優しい風味。この柔らかな甘味を味わいながら天に召すことができたら、きっと幸せだろう。

母は調理師学校を併設する、ちょっと珍しい保育園に勤めていた。ときどきお菓子作りの講習会にも参加していたようで、そこで習ったお菓子を家でもよく作ってくれた。簡単なものばかりだったけれど、母が手作りするお菓子はとびきり美味しかった。

お気に入りのひとつが牛乳寒天。寒天と砂糖と牛乳だけで作る、とても素朴なおやつ。いろいろな型に流し込んで、さまざまな形に仕上げてくれた。

ひとり暮らしを始めるときに、実家で使っていた型をいくつか譲り受け、自分でも作ってみたのだが、これがなかなか難しい。母に教わった通りの分量、行程で作っているのに、同じ味に仕上がらない。同じく母から教えてもらったもう少し手間のかかるお菓子は案外うまくできたのだが、牛乳寒天は未だに母と同じ味にならない。

このミルクヨーカンもきっと、材料も作り方も簡素がゆえに、美味しく作るのはとても難しいと想像する。甘い記憶を呼び覚ましてくれるけれど、家で同じ味を作ることはできない、特別なお菓子だ。

中里
揚最中

もうひとつは中里《なかざと》の揚最中。噛む力がなくなったとしても、揚最中を口に含んで旅立つことができたら悔いはないだろう。そう思うほどの大好物だ。

中里は駒込駅からほど近い地に店を構える明治創業の老舗菓子店で、揚最中は昭和初期から作り続ける名物のひとつ。香りのいい胡麻油で揚げた厚みのある最中皮の中に十勝産小豆を練り上げた小倉餡をはさみ、最後に焼き塩をひとふり。わずかにかけられた焼き塩が、柔らかい甘味を一層引き立てる。

初めて食べたときは頬が落ち、落ちた頬を取り戻すように夢中で一気に三つ四つ平らげた。私の最中観を一変させた、唯一無二の味と食感。

この揚最中の佳味を最大限味わうため、私が考えた楽しみ方がある。賞味期限は製造日を含め三日間。一日目の皮はパリンと歯切れがよいが、二日目になると餡の水気を含んでしんなりと落ち着いてくる。できたてのパリンとした食感もいいけれど、翌朝に食べるしんなりした皮がたまらなく好ましい。さらに三日目はしんなり度合いが深まり、二日目とはまた違う表情を見せてくれる。

最中といえばパリパリの皮が命のように思っていたけれど、この揚最中で私のその常識はすっかり変化した。

和菓子だけれど、コーヒーと相性がいい。この揚最中に限らず、小倉餡の和菓子には深煎りのコーヒーがよく合う。二日目のしんなりしてきたものを、ハンドドリップしたコーヒーと一緒にじっくり味わうのが、私の考える揚最中の極上の食べ方だ。

お菓子に限らず、味がじっくり素材に染み渡り、さらに深みを増していく食べ物が大好きだ。その中でも中里の揚最中は、私の和菓子ベストテン第一位の味。六個入りを買って一日ふたつずつ、日ごと変わる食感の違いを楽しむのが至福である。

食いしん坊な私は、もし中里の揚最中を食べながら最期を迎えられたとしても、三日間の味の変化を楽しんだ後に旅立ちたい。もしも途中で息絶えてしまったら、日に日にしんなりしていく揚最中が心残りで、きっと成仏できないだろう。

積奏
バターサンド

詩情に満ちた甘味

積奏　バターサンド

時代を超えて長く愛されているお菓子が好きだ。歴史のあるお菓子の背景には必ず土地柄や逸話が隠されており、それを知ることでさらに愛着が増す。そう言いながら、新たに誕生した美味で美麗なお菓子にも、伝統ある銘菓と同じように惹かれてしまう。つまるところ私は、美味しいお菓子が大好きな、ただの食いしん坊のようだ。

名前・香り・色と形・意匠・素材の組み合わせの妙まで、そのすべてが詩情に満ちた積《せき》奏《そう》の手作りバターサンド。近年発売されたお菓子だが、初めて口にした瞬間からたちまち心を奪われて、忘れられない存在となった。バターサンドといえば六花亭《ろっかてい》のマルセイバターサンドが私の定番だったが、積奏のそれは姿も味も全く違う、新しいバターサンドだ。

特製型を使い、ぽってりしっとり焼き上げられたサブレ生地の間で層をなすのは、北海道産のバターとクリームチーズを合わせた、なめらかな特製バタークリーム。一般的なものより濃厚なバターを、しっかり空気を含ませながら丁寧にホイップすることで、深いコクを残しながら口溶けがよく、軽やかな食感に仕上げている。

全部で十二種類もの味が揃っていて、その組み合わせを辿るだけでも短編小説を読んでいるような心持ちになる。イラストレーター・山口洋佑さんによる、海・森・街を描いた小箱も情趣に満ちた美しさで、いくつもの甘味を巡る物語を視覚から引き立てている。

このバターサンドにはもうひとつの楽しみがある。取り寄せすると冷凍した状態で届くのだが、まずは冷凍のまま、次に解凍したもの、そして少し時間を置いたものと、三つの異なる食感が味わえる。風味や食感の変化も、このお菓子の大きな魅力のひとつ。

古くからあるお菓子も、誕生したときはそれまで誰も味わったことがない、最先端のものだったはず。長い時間を経ても変わらず愛され続ける佳味だけが、土地の銘菓として今なお残っている。

私は何度も食べたくなる、定番と呼べるものを好ましく感じる。積奏の手作りバターサンドは誕生したばかりだけれど、定番になることを強く願っている。これから先、このバターサンドと一緒に歳を重ねていきたい。

ミャーロットは
見ている
ひかりのように
水のように
スノードロップ

長崎堂

クリスタルボンボン

世界一ロマンチックなお菓子

長崎堂　クリスタルボンボン

長崎式のカステラを大阪で広めたことで知られる長崎堂。カステラも好きだけれど、クリスタルボンボンは私の憧れが詰まったお菓子だ。大阪にある心斎橋本店と住吉店でしか求めることができない貴重な甘味で、大阪を訪れた折には立ち寄る時間を作っている。

金色に縁取られた楕円形の箱を開けると、三色の粒の他に四センチ四方の小さなピンク色の原稿用紙が収められている。そこ書かれているのはたった五行の短い詩。

シャーロットは　見ている　ひかりのように　水のように　スノードロップ

この詩がずっと気になっていた私は、長崎堂に電話をかけて誰が書いたものなのかを訊《たず》ねた。丁寧に応対いただき「すぐにわからないので、調べて折り返します」という返答をいただいた。そして後日、連絡してくれたのは長崎堂の社長だった。

「あの詩は、冬野《ふゆの》虹《にじ》さんという方が書いたものです。どういう経緯であの詩がつけられるようになったのか、わかるものが今はもう誰もいないのです」

いろいろと手を尽くして調べてくれたようで、大変な手間を取らせてしまい申し訳なったと思いながらも、この美しい詩を書いた方の名前だけでもわかったことが嬉しかった。

しかし、冬野虹の名前をインターネットで検索してもなんの情報も出てこない。それ以上どうすることもできなかったけれど、私はこの出来事をホームページに綴った。

それから数ヶ月後、一通のメールが届いた。

「冬野虹の夫です。妻は天に旅立ってしまいました。冬野虹で検索していたところ貴方の文章を見つけて、思わずメールしました。実は、クリスタルボンボンのために詩を書いていたことは私も知りませんでした。いつかこのお菓子を食べてみたいです」

大阪の長崎堂の店頭でしか購入できず、すぐには買いに行けないことを残念がっていた。

数年後、私が企画した催事で、特別にクリスタルボンボンも販売できることになった。旦那さんはそこでクリスタルボンボンを購入してくれたようで、後日お礼のメールを送ってくれた。その最後、こう綴られていた。

「蓋を開けた瞬間、妻と再会したような気持ちになりました」

その日からクリスタルボンボンは、今まで以上に特別な思いを秘めた、世界一ロマンチックなお菓子になった。

合歓
バターケーキ

Butter Cake

広島のバターケーキ

合歓　バターケーキ

広島県の多くの洋菓子店には、バターケーキという名前のお菓子が並んでいる。一般的に知られているバターケーキは、その名の通りバターを使った焼き菓子で、たいていが丸や四角の型に入れて焼いたパウンドケーキ。しかし広島のバターケーキは、それとはちょっと違っている。カステラにも似た柔らかな食感だけれど、カステラとは明らかに別物。生地のキメが細かく、ふんわりとして優しい甘さの絶品だ。初めて食べたときはあまりの美味しさに手が止まらず、ホールの四分の一をたちまち平らげてしまった。

広島市の中心街に店を構える長崎堂がその発祥。長崎でカステラ職人として修行した小川次男さんが戦後広島でカステラを売り始め、その後カステラを元にした今までにないお菓子、バターケーキを誕生させた。それが大評判となり、現在長崎堂はバターケーキ専門店になっている。

長崎堂のバターケーキは何度か取り寄せしたことがあるけれど、店頭でしか求めることができない店も多い。聞くところによると、広島の甘党たちにはそれぞれ贔屓《ひいき》にしているバターケーキがあるという。ということは店ごと味に特徴があるのだろう。しかし私が調べた限りでは、どれも見た目は同じような円形で、食べてみないことにはその違いはわからない。

百聞は一見にしかず、地元の人たちに愛されているバターケーキの味の違いを体感するために、広島を旅することにした。

広島出身の知人に教えてもらったバターケーキはどれも長崎堂に負けず劣らず絶品だったが、とりわけ惹かれたのが呉市にある合歓《ねむ》のバターケーキ。瀬戸内海に面し、古くから良港を中心に発展した呉らしく、包装紙やバターケーキを覆う袋には帆船が描かれている。外側の焼き目がついた部分はさっくりとした食感で、中はしっとり。私が食べた中では一番バターの風味がしっかりしていた。

時間が許す限りバターケーキの店を巡り、両手いっぱいに東京へ持ち帰った。賞味期限は一週間ほどあるから、もうしばらくバターケーキの旅を続けられる。訪れた土地を思い出しながら味わう幸せな朝おやつの時間、それが私の旅の終点である。

ミスタードーナツ
フレンチクルーラー

いつもの朝おやつ

ミスタードーナツ　フレンチクルーラー

小学生の私には、ミスタードーナツが世界で一番お洒落な店だった。当時、地元の富士宮市に店舗はなく、隣町の富士市まで行かなければ買うことができない憧れの存在。ごく稀《まれ》に両親や祖父母が連れていってくれたときは、決まって今も定番として不動の人気を誇るフレンチクルーラーを買ってもらった。何度か他のドーナツを頼んだこともあったが、やっぱりフレンチクルーラーが大好きで、いつしかこればかり選ぶようになっていた。

小学二年の夏休み、私と姉と、幼馴染の姉妹の四人で食べ歩きツアーを計画した。費用はひとり五百円。四人の中で一番年上の、幼馴染の姉が四人分の予算である二千円をうやうやしく財布に入れて、初めて子供だけで電車に乗って隣町に出掛けた。今でこそ電車で二十分ほどの距離の隣町は近所同然だけれど、七歳の私にとって徒歩で行ける範囲が世界のすべてだった。前日は大冒険に出るかのように高揚してなかなか寝つけなかった。

行き先は憧れの店、ミスタードーナツ。隣駅までの往復の電車賃が二百円ほどで、店で使えたのはひとり三百円くらいだったはず。飲み物を我慢すればドーナツを二個買えたかもしれないが、やっぱりミルクは欠かせない。せっかく世界一お洒落な店に来たのだから優雅に楽しみたい、幼い私は一丁前にそんなことを考えたのだろうか。そのあたりの記憶は曖昧《あいまい》だけれど、ドーナツ一個とミルクを注文したことだけははっきり覚えている。選んだのはもちろん、大好物のフレンチクルーラー。

思春期を迎えても変わらずミスタードーナツが大好きで、休みの日にわざわざ電車に乗って、同級生とたびたび隣町にあるミスタードーナツを訪れていた。さすがにもう大冒険ではなかったけれど、やっぱり心ときめく特別な場所だった。

高校二年の夏休み明け、テレビの情報番組で、他高校の生徒が文化祭でミスタードーナツを仕入れて販売する様子を紹介していた。ちょうど文化祭の企画準備が始まろうとしていた時期で、それを見た瞬間、私の中のミスタードーナツ愛が爆発した。

「私も学祭でミスドを売りたい」

翌日、いつも一緒にミスタードーナツに通っていた友達に相談すると、一緒にやりたいと前のめりで話を聞いてくれた。その勢いのまま二人で職員室に向かい、担任の先生にミスタードーナツを文化祭で売りたいという熱意を伝えた。

「ドーナツが好きなのはよくわかったけど、お前たちだけでちゃんとできるのか。食べ物を仕入れて販売するっていうのは、そんなに簡単じゃないんだぞ」

「絶対にできます。やらせてください」

好きなことに対しては今でも貪欲であるけれど、このときほどやる気と活力が溢れたことはないと思う。なんの根拠もないけれど、絶対にうまくできるという自信が漲《みなぎ》っていた。

「そこまで言うなら、自分たちだけでやってみなさい」

私たちの勢いに根負けしたのだろう、渋々の様子だったが担任の許諾を得ることができた。次の課題は、行きつけのミスタードーナツから商品を卸してもらえるかということだ。

思い立ったが吉日と、その日のうちにミスタードーナツに電話をかけて、後日店長さんに話を聞いてもらえることになった。ここでも私たちの意気込みが伝わったようで、無事にドーナツを卸してもらえることになった。

文化祭にはいろいろな食べ物の屋台が出店する。どれくらい販売できるか心配だった私は、予約を取って引き換えチケットを発券し、ある程度の販売数を把握した上で注文数を決めることを思いついた。そうすれば売れ残りも最小限にできるし、予約受付をすることで事前の宣伝にもなる。

全種類を仕入れると当日の販売も大ごとになってしまう。頻繁に店に通いほぼ全種類を食べていた私たちは、どれが人気があるかを把握していた。確実に売れるドーナツを選りすぐり、それを一覧表にして事前注文を取った。そして予約していない人も当日購入できるよう、予約数よりも少し多めに発注した。

大きめの集会室を借りてドーナツを販売できることになったが、そのままでは味気ない。外国のような装飾をしたいけれど、そのためにお金をかける余裕もない。ふと近所のファンシーショップの包装紙を思い出した。それは英字新聞を模したデザインで、幼い私はそれを見て、まるで海外製の雑貨のようだと心をときめかせていた。

英字新聞を扱っている新聞販売所にお願いしたら、タダで古新聞が手に入るかもしれない。早速、学校の近くにある新聞販売所を訪ね、破棄する予定の英字新聞があったら譲ってほしいことを、文化祭で出店するドーナツショップを装飾するために使いたい旨とともに伝えた。すると意外なほどあっさり
「いいよ。処分する予定の古新聞があるから、持ってって」

とたくさんの英字新聞を無償で譲ってくれた。

文化祭の前日、味気なかった集会室の壁を英字新聞で装飾し、手描きの看板を掲げた一日だけのドーナツショップが完成した。

当日、自らライトバンを運転して学校までドーナツを届けてくれた店長さんは帰り際

「頑張って、うちの子たち売り切ってね」

と大きな声援を送ってくれた。

「はい、必ず売り切ります」

いよいよ文化祭が始まった。いろいろな屋台を見て回る生徒が多い中、私たちは予約受付したこともあって開店から大盛況。予約分の受け取りの列が人を呼び込み、予約していない生徒も集まって、余分に注文した分も早々に完売することができた。

商品の仕入れ交渉と当日までの段取り、予約受付、店の装飾、販売、精算まで、そのすべてを自分たちでやり遂げたことは、高校生の私にとって大きな自信となった。最初はただ、大好きなミスタードーナツをみんなに食べてもらいたいという気持ちだったけれど、それ以上のたくさんのものを得ることができた。なにより実感したのは、仲間や協力してくれる人たちの大切さ。自分ひとりの力では絶対にできなかった。

世界中を未知の感染症が襲った。自由に行動することが制限される時代が訪れることなど、誰も予想していなかっただろう。近所に買い物に行くこともはばかられる中、私の毎日の楽しみになったのは午前中のミスド散歩。

飲食店が軒並み休業する中、近所のミスタードーナツは朝八時からテイクアウトのみで営業を続けていた。朝一番、コーヒーを水筒に入れてミスタードーナツへ向かい、ドーナツを二個買う。そしてドーナツの入った紙袋を携え、歩いて三十分ほどの善福寺川のほとりをしばし散策する。

以前は、森の中の鳥を撮影するために大きなカメラを構える人や、川沿いをランニングする人で賑《にぎ》わっていた広場でも、ひとりマスク姿で散歩する人とわずかにすれ違うだけ。

少し疲れたらテーブルとベンチが並ぶ、誰もいない休憩所でドーナツを頬張る。なにもできない状況下で、強張《こわば》ってしまいそうな心をほぐしてくれたのは、たくさんの思い出が詰まったドーナツだった。

フレンチクルーラーはいつだって私のそばにいてくれる、当たり前だけれど特別な朝おやつだ。

しみずや　くまサブレ

私のトップアイドル　しみずや　くまサブレ

街の片隅で、可愛らしく美味しいお菓子に出合ったときは、自分だけのアイドルを見つけたような気持ちになる。このお菓子の魅力をたくさんの人に伝えたいと思うのは、まだ無名の新人アイドルを熱心に応援するファン心理と同じだろう。

私のトップアイドルは、昔ながらの対面販売を続ける小さなパン屋、しみずやのくまサブレだ。昭和三十年に十八歳でパンの道に飛び込んだ店主の金原勇三郎さんは、阿佐谷のパン屋に住み込みで修行し、三十六歳のときに独立。西荻窪のパン屋の権利を屋号ごと引き継ぎ、しみずやを始めた。

長年一緒に店を切り盛りしていた奥さまが亡くなったとき、一度は店を閉めることを考えたけれど、休業中の店のシャッターに常連客が残してくれたたくさんのメッセージに背中を押されて、再びパンを焼くことを決心した。そして今も一枚一枚、私のトップアイドルを手作りしている。

ぽってり丸みを帯びたシルエットも、無垢でつぶらな瞳もチャーミング。必須の道具は、まだ日本にドイツパンが根づいていなかった昭和の時代に、シュトーレンの講習会に参加しておみやげにもらったドイツ製のクッキー型。こんがり焼き色がついたのや色が白いの、ふくよかなのもあればほっそりしているのもあり、同じ型でも仕上がりの個性はさまざま。実に表情豊かで、いくつも求めて愛でるうち、いつも近くに感じていたいという恋心にも似た思いが募《つの》っていった。

金原さんに、くまサブレをプリントしたグッズを作りたいと願い出たところ快諾いただき、ミニバッグとカードを作ることが叶った。

後継者不在のため、金原さんが辞めてしまったら私のアイドルもともに引退となる。食べることができなくなる前にその魅力をたくさんの人に知ってもらうべく、手土産として差し出す活動を地道に続けている。

先日お店に伺ったとき、金原さんからこう言われた。

「うちはパン屋なのに、くまサブレばっかり売れて困っちゃうよ」

そう話しながらもご機嫌に笑う金原さんの顔を見て、勝手な応援活動も少しは役に立ったのかもしれないと、私も嬉しくなった。

越乃雪本舗
大和屋
文のたね

文章がうまく書ける薬

越乃雪本舗大和屋　文のたね

ピアノの発表会の直前、上手く演奏できると自分に暗示をかけるため、角砂糖をひとつ口に含んでから本番に臨んでいた。それは大好きな少女漫画を真似てのこと。

主人公は小学生ながらアイドルとして活躍する、そのときの私と同じ歳の女の子。歌番組の出演が決まったが、本番直前に緊張してくしゃみが止まらなくなってしまう。見かねた祖母が、銀色の粉砂糖をくしゃみが止まる薬だと偽り彼女に飲ませると、たちまち症状が治まり、無事に歌うことができたのだった。

発表会直前、私も角砂糖をひと粒頬張ると、その魔法で緊張がほぐれたような気持ちになり、練習のときよりも上手くピアノを演奏することができた。もちろん角砂糖にそんな効能などありはしないが、私には大切な薬のようだった。

文筆を生業としているが、今でも綴ることが苦手だ。書きたいことは頭の中に溢れているけれど、それを上手に記すことができない。締め切りが近づいてくると、ピアノの発表会前のように緊張して、キーボードを打つ手が止まることもしばしばだ。そんなときは甘味をひとつ口に含み「大丈夫、締め切りまでに書き上げられる」と静かに念じる。

書くことがずっと不得手で筆が遅く、なかなか上達しない。それでも執筆を続けているのは、書くことが好きだからに違いない。いい加減、上手く書くコツを掴むべきであるが、緊張してしまうのは決して悪いことではない。今でも新鮮な気持ちで文筆と向き合えるのは、この仕事を続けていく上で大切なことだと思う。

江戸時代後期の一七七八年に創業した、新潟県長岡市の和菓子の老舗・越乃雪《こしのゆき》本舗大和屋を訪ねた折、インク瓶の形をしたガラス容器に金平糖が入った、文のたねというお菓子が目に飛び込んできた。それを見た瞬間「ああ、執筆が捗《はかど》るお守りが見つかった」とほっとした。それからは筆が止まるたび金平糖をひと粒口に含み、自らを鼓舞《こぶ》しながら認めている。

たくさん買い込んだ文のたねもそろそろなくなりそうだ。甘い良薬を処方してもらいに越乃雪本舗大和屋を再訪しようと、新潟へと思いを馳せた。文のたねなしでスラスラと文章が書けるようになるのは、当分先になりそうだ。

晩年の父 犀星
田文のマッチ箱
シチック街道
原道造 鮎の歌
松浦寿輝解説
リヴィエラの旅
草に寄す
立原 道造
愛蔵版
日本図書センター
サウンドトラック
深夜叢書

耳をすませば

ジブリ映画の中で一番好きな作品は『耳をすませば』。記憶に刻まれているシーンはたくさんあるが、とりわけ好きなのは主人公の雫《しずく》が、思いを寄せる聖司《せいじ》の演奏するバイオリンにのせてカントリーロードを歌う場面だ。

映画の主題歌にもなっているカントリーロードは、一九七一年にジョン・デンバーのシングル曲として発表され、その後多くのアーティストにカバーされた。オープニングでかかるのはオリビア・ニュートン・ジョンが歌ったもの。

しかし私が好きなのは、雫が日本語詞で歌う曲。劇中では雫が自ら訳を考えた（という設定）日本語詞で歌っており、エンドロールでは雫の声を演じた本名《ほんな》陽子さんが唄う日本語詞のフルバージョンが流れる。

東京で文筆の仕事を始めて十年近く経ったある日、ラジオから日本語詞で歌われるカントリーロードが流れてきた。

「耳をすませばのあの曲だ」

そう思いながら執筆の手を休め、ラジオに耳をすました。しかし、私が知っているそれとは歌声も演奏も違う。どうやら映画とは違うアーティストが歌っているようだ。曲の最後にDJが紹介したアーティスト名をメモした紙を手に、その日のうちにCDショップに向かい、ラジオから流れてきたカントリーロードが収録されたアルバムを購入した。

しばらくの間、そのアルバムを繰り返し聴いていた。優しく柔らかいけれど、凛《りん》とした芯のある歌声と、美しいアコースティックギターの音色にすっかり魅了され、いつか生で演奏を聴いてみたいと思った。

翌年、その機会は思いがけずやってきた。ギタリストが私と同じ富士宮市出身で、共通の知人がいることがわかり、紹介してもらえることになったのだ。私の暮らす街の近くで開催されるライブに招待いただき、終演後二人に会えることになった。

素晴らしい演奏に感動し、緊張しながらライブ直後の楽屋を訪れた。そうして同郷のギタリストとともに、ボーカリストの女性とも挨拶を交わした。

彼女とよもや話をしているうちに、家が近いことがわかった。さらには、私と彼女の好きなものがそっくりで、共通点の多さに二人して驚きながら笑い合った。人見知りの私は、初対面の人と会話が弾むことがなかなかないのだが、彼女とは不思議と緊張することなく打ち解けて話すことができた。ついさっきまで、天使のような歌声で歌っていた人とは思えないほど気さくで親しみやすく、ずっと前からの友人と錯覚したほどだった。

意気投合した私たちは、毎月のように予定を合わせて一緒に夕食を食べるようになった。食事をしながらいろんなことを話し、彼女の素顔を深く知るたび、こんなにも純粋で素直な人がいるのだと心が洗われた。

四つ年下の彼女が、心から私を慕ってくれることが本当に嬉しかった。大人になるとすべてを曝《さら》け出せる友達はなかなかできないけれど、不思議と通じ合うことができた。まるで学生時代に戻ったように無邪気に心を通わせながら、おばあちゃんになってもこの関係が続いていくと確信できた。

「みのりさん、このお菓子食べたことありますか？」

ライブツアー中の彼女から突然、こんなメッセージとともに、初めて目にするお菓子の写真が送られてきた。

「初めて見るお菓子。食べてみたい」

「食べたことないお菓子でよかった。来週お楽しみに！」

私たちは、ツアーが終わったらまた一緒に夕ご飯を食べる約束をしていた。

「はいこれ、この前のお菓子、お土産です。みのりさんはいろんなお菓子を知っているから、食べたことがなさそうなものを探したんですよ」

忙しいツアー中、私のために地方の珍しいお菓子を探してくれたことが本当に嬉しかった。それ以来、ツアー先の地元の人から全国に知られていない美味しいお菓子を聞き出して、お土産に買ってきてくれるようになった。

一緒に夕食を楽しんだ翌朝、彼女の歌を聴きながらお土産にもらった各地の銘菓を朝おやつに頬張ると、ライブツアーに同行してともに旅しているような気持ちになれた。

二〇一二年、初めて故郷の静岡を綴った書籍『静岡百景』を上梓《じょうし》し、その発売を記念したイベントを、建築が好きな私の憧れの場所、自由学園明日館の講堂で開催することになった。自由学園明日館は、近代建築の巨匠フランク・ロイド・ライトが弟子の遠藤新《あらた》とともに設計した名建築だ。

イベントが決まったとき、出演をお願いしたいと真っ先に頭に浮かんだのは彼女がボーカルを務める音楽ユニット。いつか一緒に仕事がしたいと思っていた私はその機会をずっとうかがっていた。ギタリストと私は、高校卒業まで同じ空の下で過ごした同郷の仲間。ただ仲がいいというだけでなく、二人に出演してもらうのは大きな意味があった。

そのイベントで実現したいことがあった。それは彼女たちを知るきっかけになった曲、カントリーロードを演奏してもらうこと。本の中に故郷への郷愁を綴った随筆があるが、それは彼女が歌うカントリーロードを脳内で再生しながら執筆したものだ。この随筆を朗読した後、カントリーロードを演奏してもらえたらどんなに素敵だろうと、本が完成する前から想像していた。

彼女たちの音楽ユニットが出演してくれたおかげで講堂は満席。大入りの客席を舞台袖から見て緊張する私に、彼女は優しく

「みのりさんなら大丈夫！」

と声をかけてくれた。

いよいよ本番。すぐ隣に彼女がいてくれたことで緊張もほどけ、最後までつまずかずに朗読することができた。朗読が終わると、間髪入れず演奏が始まった。いつもは客席から

観ていた彼女が歌う姿を、今日は同じ舞台に立って、すぐ隣で聴いている。夢の中にいるようなふわふわした気持ちのまま、一番の特等席でカントリーロードを聴いた。この日の歌声を、私は一生忘れないだろう。いや絶対に一生忘れない、忘れたくない。

それからも交友は続いていたが、しばらくして彼女は体調を崩して入院することになった。手術後に仕事復帰をして音楽活動を続けていたが、健康に留意しながらの生活となった。前と同じようにはいかず、完全に回復するまで一緒に夕食に行くことが叶わなくなった。

絶対によくなると強く願い続け、また一緒に美味しいものを食べに行こうとメールで約束を交わした。しかし、次に会ったとき手渡そうと旅先で求めた甘味は、気がつけば賞味期限を過ぎていた。

約束は果たせぬまま、二〇一五年四月八日、彼女は遠くへ旅立ってしまった。

一月三十一日、今日は彼女の誕生日。朝おやつは鹿児島から取り寄せた緑茶チョコレート。最後に彼女からもらった甘味を、大切な日にもう一度味わいたかった。

緑茶チョコレートを頬張りながら、羊毛とおはなのアルバム『LIVE IN LIVING '08』の最後に収録されているカントリーロードを、窓を開けて流した。

「はなちゃん、今日も空の上で歌っているかな」

耳をすませば、私はいつだってはなちゃんに会える。

甲斐みのり（かい・みのり）
文筆家。1976年静岡県生まれ。大阪芸術大学卒業後、数年を京都で過ごし、現在は東京にて活動。旅、散歩、お菓子、手みやげ、クラシックホテルや建築などを主な題材に、書籍や雑誌に執筆。著書は『たべるたのしみ』『くらすたのしみ』『田辺のたのしみ』（ミルブックス）『日本全国 地元パン』『歩いて、食べる 京都のおいしい名建築さんぽ』（エクスナレッジ）など約50冊。『歩いて、食べる 東京のおいしい名建築さんぽ』（エクスナレッジ）はドラマ「名建築で昼食を」（テレビ大阪）の原案に起用された。

装画・題字　湯浅景子
写真　甲斐みのり　村上誠
編集・デザイン　藤原康二

参考文献

『智恵子抄』　高村光太郎　新潮社

掲載写真、文章内容は執筆時点のもので、登場する商品の仕様や店舗に関する情報などが変更されている場合もございます。

朝おやつ

2023年10月1日　初版第1刷

著者　甲斐みのり
発行者　藤原康二
発行所　mille books（ミルブックス）
〒166-0016　東京都杉並区成田西1-21-37 # 201
電話・ファックス　03-3311-3503
発売　株式会社サンクチュアリ・パブリッシング
（サンクチュアリ出版）
〒113-0023　東京都文京区向丘2-14-9
電話 03-5834-2507　ファックス 03-5834-2508
印刷・製本　シナノ書籍印刷株式会社

ISBN978-4-910215-14-3　C0077

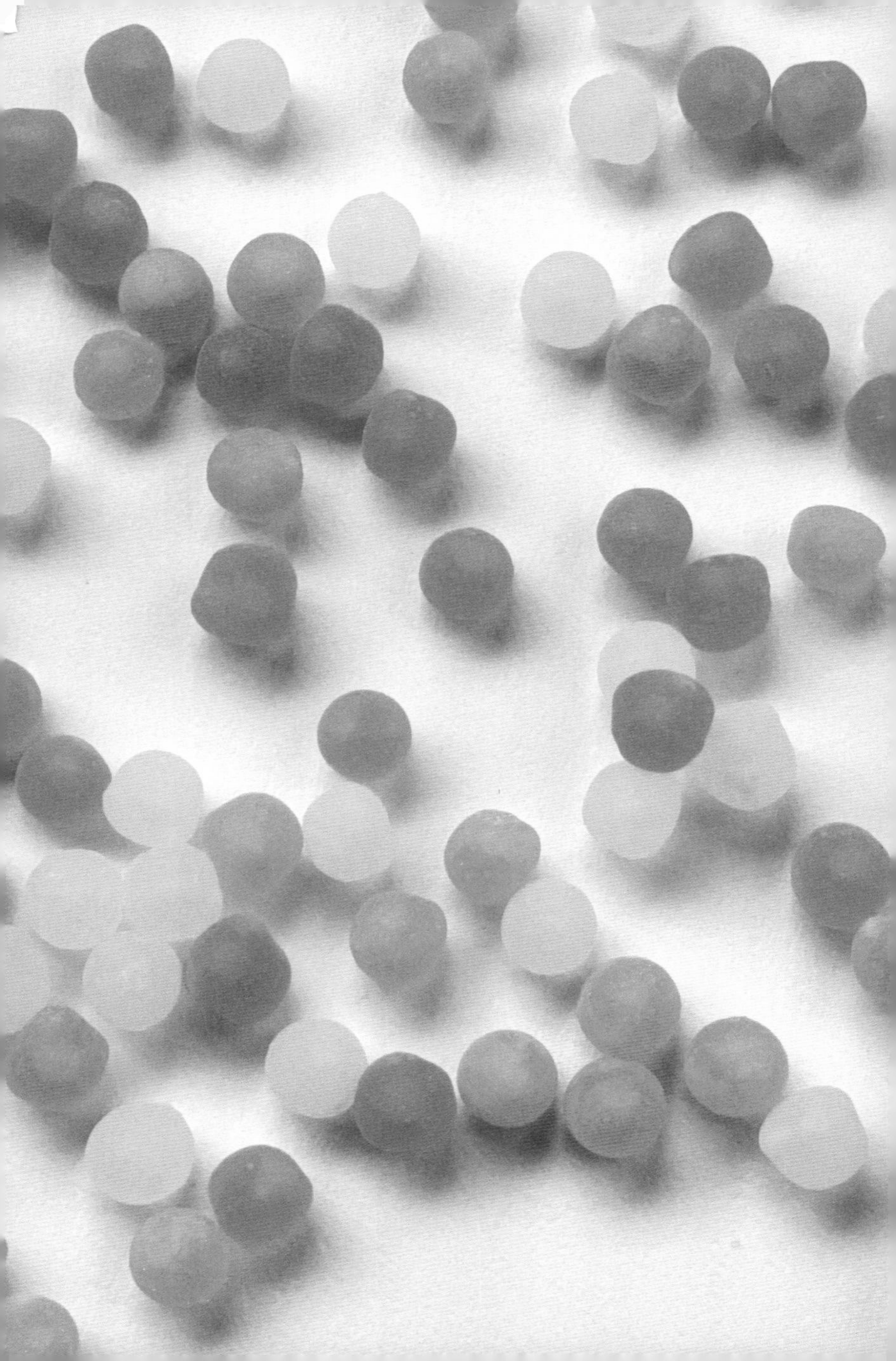